# 自制美味

## 意大利餐92款

[日] 西口大辅◎著

周小燕◎译

 中国民族摄影艺术出版社

# 前言

我曾经在意大利北部学习意大利料理9年，在那里感受到了传统料理的有趣之处。在意大利，每个地方都保留着那块土地的味道。外婆传给妈妈，妈妈传给女儿，意餐文化一直在传承。想把这种地道的意餐弘扬出去——这是我在日本开餐厅的初衷，也是我一直在做的事情。所以在这本书中，既尽量恪守当地传统的方法来搭配和烹调食材，又尽可能地

选择大家容易购买到的食材。

　　我的菜谱让大家在家中也能享受意餐的乐趣，所以大家不要太紧张，先来享受做意餐的过程，一道菜做过几次后，思考一下怎样会更好，这种新的发现就是料理的魅力所在。继续做下去，你一定能做出大家喜欢的味道，最终将这些变成适合自己的意餐菜谱。

VOLO COSI · 西口大辅

# 目录

## 第一章
# 完全掌握意大利面的基础

# 第二章
# 搭配葡萄酒的简单下酒菜

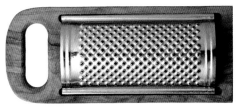

第三章
# 聚会时的主菜

## 西口主厨告诉你如何更好地享受意餐

第四章

# 餐后的甜点

# 意餐的基本教程

想做意餐，首先要了解意餐中不可或缺的3个基础知识。

## 基础食材

选择食材是烹饪的基础。在意餐中，有几种食材是必不可少的。由于每种食材都会影响菜品的味道，所以要认真地学习一下。

## 橄榄油

橄榄油大体分为两种：一种是橄榄油果实直接榨成的特级初榨橄榄油。这种橄榄油有着果实的芳香，除烹饪时使用外，还可以用来调味或代替黄油涂抹面包；另一种是用混合精炼橄榄油制作而成的纯橄榄油。其香气和味道要差于特级初榨橄榄油，但价格相对便宜，多在炒菜时使用。橄榄油是意餐的根本。尽量选用质量较好的橄榄油。

西口主厨使用的特级初榨橄榄油出自于西西里岛的Tenuta Rocchetta，纯橄榄油则出自于托斯卡纳的Enrico Césari。

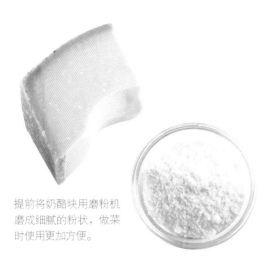

提前将奶酪块用磨粉机磨成细腻的粉状，做菜时使用更加方便。

## 奶酪

在意大利的奶酪中，意大利北部制作的帕马森硬质奶酪最为有名。经过加热后味道浓郁醇香，除直接食用外，也用来给菜品调味。同为硬质奶酪的帕达诺奶酪和帕马森奶酪非常相似，但口感更温和。西口主厨主要使用帕达诺奶酪，大家也可以根据个人喜好自由选用。

## 红辣椒

虽然在意餐中经常出现红辣椒，但其实只有在卡拉布里亚等意大利南部的部分地区才比较常用。所以，在意大利北部学习意餐料理的西口主厨并不常用红辣椒，就算用也会平衡口感，不会影响菜品本身的味道。喜欢偏辣口味的人可以酌情放入红辣椒。另外，因为红辣椒刺激性强，接触后一定要马上洗手。

## 大蒜

大蒜香气浓郁，能调动食欲。用油煎出香味时，要注意低温慢煎，不要太焦。想让香味完全出来，就切成细末。想稍微有点香味，就带皮直接使用，之后拿出即可。不要用干瘪的大蒜，要选择那些蒜瓣紧实的。

## 面粉

西口主厨一般使用的是中筋面粉。在意大利学成回国后，西口主厨认为这种面粉是最接近在意大利人使用的面粉。中筋面粉比低筋面粉的麸质更多，所以筋度更高，也更有黏性。如果买不到中筋面粉，可以用高筋面粉代替。

# 切末的技巧

所谓切末，就是将食材切成细末，意餐中的食材经常都是使用这种方法。切得粗了，会影响菜品的味道和口感，所以一定要熟练地掌握切末的技巧。在这里，特别介绍了经常用到的洋葱和大蒜的切法。掌握了窍门，烹饪技巧也会更进一步！

## 洋葱切末

①剥下洋葱的皮，切掉上下部分，纵向切成两半。切面朝下，用刀在两侧轻轻切下。

## 大蒜切末

①剥下大蒜的皮，纵向切成两半。取下嫩芽，切面朝下，用刀在两侧轻轻切下。

②尽量沿着纤维的纵向走向切得细一些，要稍微留下一点根的部分。

②尽量沿着纤维的纵向走向切得细一些，要稍微留下一点根的部分。

③刀和案板平行，在每隔约1cm处下刀切下。

③刀和案板平行，在每隔约3mm处下刀切下。

④从一边开始切，尽量细一些。这时，稍微倾斜刀会更容易切。

④从一边开始切，尽量切细一些。这时，稍微倾斜刀会更容易切。

⑤用手压住刀的一端，以此为轴心继续切至碎。

⑤用手压住刀的一端，以此为轴心继续切至碎。

# 味道的关键——蔬菜泥

用带有香气的蔬菜炒成的蔬菜泥是意餐味道之根本。蔬菜泥浓缩了蔬菜的精华，可以用于炖煮或者当做主菜的酱汁，也可以用于多种料理。在本书中经常用做给菜品调味，可以提前做好储存起来，这样用时更加方便。

材料（方便制作的量）
洋葱·······························1个（200g）
胡萝卜·····························1/2个（50g）
芹菜·······························1/2颗（50g）
色拉油·······························3大勺

①洋葱、胡萝卜和芹菜用搅拌机打成细末。

②在厚底的锅内倒入色拉油，将①倒入后点火。

③用木铲不断地搅拌以防糊底，要用小火慢慢炒。

④炒大约40分钟，把水分炒干就可以出锅了。

浓缩了3种蔬菜精华的基础味道，对做出地道的意餐来说必不可少。

## 蔬菜泥

只用洋葱炒出的蔬菜泥。慢慢炒出洋葱的香甜，更能丰富菜品的味道。

## 洋葱泥

①洋葱用搅拌机打成细末。
②锅内倒入色拉油，将①倒入后点火。
③用木铲不断地搅拌以防糊底，小火慢慢炒。
④炒大约40分钟，把水分炒干就可以出锅了。

材料（方便做的量）
洋葱 ······ 2个（500g）
色拉油············· 3大勺

# 本书的用法

为了放便您的阅读，这里介绍一下本书的用法。

## 美味小窍门，主厨有话说

●主厨想传达的烹饪的意义以及一定要告知读者的重要内容，也会一并介绍适合搭配料理的葡萄酒。

## 关于材料表

●所谓高汤，就是意大利料理中的清汤。使用市面销售的高汤时，请选择无盐高汤，也可以减少用盐量。

●要选用乳脂含量在35%左右的淡奶油。

●补充了可以替换的食材，请参考选用。

●所谓提前准备，是指在烹饪前提前准备好。

●在其他页面中已经详细介绍的内容会在这里列出参照的页数（→P17），需要时可对照参考。

●1大勺是15ml，1小勺是5ml。

●本书中都是使用无盐黄油。使用有盐黄油时，请减少用盐量。

番茄培根意面

Spaghetti all'amatriciana
使用番茄酱

## 关于做法

●有黄色标记的部分是做法的关键。只要依此制作，肯定能做出成功的料理。

●所谓预热，是指提前将烤箱加热到相应的温度。烤箱种类不同，功能也不尽相同，可视情况酌情调整温度和时间。

## 菜品装盘

●图片中一般都是以1~2人份的装盘量为例，和材料表中的份量可能不同。

●将盘子热过后再把热菜装盘。

# 第一章
# 完全掌握
# 意大利面的基础

说到意餐，我们最先想到的一定是意大利面。但是在意餐套餐中，意大利面只不过是主菜之前的Primo Piatto（前菜），而在中国，是不是有很多人会因为一盘意大利面就心满意足呢？此次，将会从介绍融入洋葱和大蒜味道的2种常用番茄酱开始，介绍琳琅满目的料理，连颇受欢迎的手工意大利面和面饺也网罗其中。现在就为您奉上看到就想尝试去做的各种美味料理。

# 制作意大利面的**基础**

## 制作步骤是美味意大利面的关键

面和酱汁，如此简单的组合成就了颇受大家喜爱的意大利面，所以其制作步骤尤为关键。让我们不要错过时机，抓紧学习其中的每一个步骤，一起做出地道美味的意大利面吧！

## 煮意大利长面

番茄酱拌意大利面（粗1.6mm、煮约9分钟）

开始

### 1

深锅内放水煮沸，放盐，大约3L水放25g盐。

### 2

双手抓着意大利面，稍稍拧一下后放入沸腾的热水中间。

### 3

撒开手，一下子在锅内全部散开。不要动，等待面自然沉入热水中。

### 4

约2分钟后用叉子搅拌，不要让意大利面黏在一起或黏在锅上。

**煮意大利短面**
意大利面很容易黏在一起或黏在锅上，所以边煮边用捞勺搅拌。煮意大利短面时，建议使用比较大的锅。

**5**

4分钟后准备酱汁。平底锅内倒入酱汁,点火加热,放入黄油。

**6**

捞取1根意大利面,2~3秒后掐断,以判断硬度。没有坚硬感的时候就煮好了。

**煮意大利短面**

掐断面条来判断煮的程度。断面没有未煮熟的白色部分就煮好了。

**7**

捞出意大利面,沥干水分,倒入酱汁。加入少量面汤稀释酱汁,能更好地和面条融合。

**8**

用力晃动平底锅,让意大利面和酱汁混合。

**9**

也可以用橡皮刮刀来回搅拌代替晃动平底锅。

**10**

关火,撒上奶酪粉。在丰富味道的同时,也让意大利面和酱汁能更好地混合。

**11**

来回搅拌,拌匀奶酪粉。

**12**

搅拌到炒干水分,酱汁和意大利面完全混合为止。

**完成**

美味窍门

**主厨有话说**

如果面汤太少,意大利面容易黏在一起,所以可以根据意大利面的分量,多加入水量煮面。

# Salsa pomodoro

## 番茄酱① 使用番茄红酱

材料（方便制作的量600g）
番茄罐头······················ 2罐（800g）
洋葱泥（→P11）··············· 30g
月桂叶························· 1片
色拉油······················· 1大勺
盐··························· 3g

※此次使用的是Spigadoro（斯必佳多乐）公司生产的番茄罐头。番茄罐头品牌不同，在甜度和酸度上也有不同。

**美味窍门**

**主厨有话说**

番茄罐头有种子，食用时容易粘到牙齿，也略有苦味，所以要提前取出，这样味道也会变得更合适。番茄罐头的味道多种多样，所以煮好后一定要尝一下味道。如果味道不够，可以加水再煮一会儿，偏酸时可以放入少量的细砂糖。

# 番茄红酱

番茄罐头和洋葱做出的基础番茄酱。美丽的红色能激发食欲，口感顺滑，完美地平衡了酸度和甜度，可以搭配肉类或者蔬菜类的意大利面。

**1**
碗和筛网叠加在一起。用手指将番茄罐头纵向剖开，取出芯和种子，把果肉放入其他碗内。用打蛋器搅碎芯和种子，让果汁滴落到碗内。

**2**
锅内放入洋葱泥和色拉油，中火加热。

**3**
放入步骤1的果肉和过滤好的果汁，开大火，用打蛋器轻轻搅拌。

**4**
放入月桂叶和盐。

**5**
加热番茄，变软后转小火。如果还有番茄块，用打蛋器搅碎至其顺滑。

**6**
大约10分钟就煮好了。

在其他菜谱中也经常使用番茄红酱，建议多做一些，分成小份储存起来。冷冻可以保存2周左右。

**1**

先在深锅中煮意大利面。4~5分钟后，平底锅内放入番茄红酱，点火加热，变热后关火。放入1大勺面汤和黄油，用余热融化。

**4**

关火，晃动几下平底锅，让意大利面和酱汁混合。

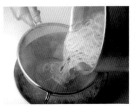

**2**

意大利面煮好后，倒入筛网沥干水分。

**5**

撒上帕达诺奶酪粉。

**3**

按步骤1的平底锅用小火加热，放入意大利面，需要的话放入适量面汤。

**6**

再次晃动平底锅，使其混合均匀，装盘。

# 番茄意面

融入黄油香气的番茄红酱只需和煮好的意大利面混合，简单的意大利面就做好了。番茄酱融合了意大利面的味道和洋葱的香气，浓郁醇香，好吃到让你放不下筷子。

材料（2人份）

| | |
|---|---|
| 意大利面·························· | 160g |
| 酱汁 | |
| ┌ 番茄红酱（→P17）········ | 200ml |
| ┤ 帕达诺奶酪粉·············· | 15g |
| └ 无盐黄油·················· | 20g |
| 热水························· | 3L |
| 煮面用盐····················· | 25g |

【提前准备】
煮沸煮面用的热水，放盐。

美味窍门

**主厨有话说**

番茄红酱搭配黄油，在丰富味道的同时也抑制番茄的酸味，让味道更加温和。在黄油的产地以及主要消费市场的意大利北部，经常如此食用。如果没有黄油，也可以不放。

适合搭配用酒
清爽的白葡萄酒、清新的玫瑰红葡萄酒

# Spaghetti al pomodoro

番茄意面

# 番茄培根意面

番茄红酱融合了意式培根的浓香以及洋葱炒软后散发出的甘甜。
只需放入飘香四溢的肉类，就能做出浓郁醇香的酱汁。

**材料（2人份）**

| 意大利面 | 160g |
|---|---|
| 帕达诺奶酪粉 | 15g |

酱汁

| 番茄红酱（→P17） | 200g |
|---|---|
| 洋葱（切片）※ | ½个（50g） |
| 意式培根（切丝） | 50g |
| 色拉油 | 1大勺 |
| 水 | 2大勺 |
| 热水 | 3L |
| 煮面用盐 | 25g |

※洋葱可以使用提前炒好的洋葱泥（→P11）。

【提前准备】
煮沸煮面用的热水，放盐。

**1**
深锅内煮意大利面。平底锅内放入色拉油和洋葱，热油放入洋葱容易炒焦，所以要同时放入。

**2**
中火加热，洋葱炒软，但不要上色。

**3**
加水，让洋葱不被炒焦。

**4**
水分几乎炒干后，放入培根继续炒。

**5**
把培根炒熟，表面不能炒焦。不需要炒得过于酥脆，和意大利面差不多柔软就可以了。

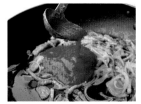

**6**
关火，放入番茄红酱并混合均匀。因为油脂过多，不关火容易溅出油滴。

**7**
在意大利面煮好的2分钟前，在步骤6的酱汁里放入约1大勺面汤，中火加热。

**8**
酱汁沸腾后离火。煮好的意大利面沥干水分后放入酱汁中，晃动几下平底锅使其混合。放入帕达诺奶酪粉拌匀，装盘。

# Spaghetti all'amatriciana

番茄培根意面

# 香辣番茄笔尖面

简单的酱汁放入红辣椒，带着些许辛辣。太辣会影响意大利面自身的口感，在喉咙里稍微感觉有些辛辣，才算地道。

材料（2人份）

| | |
|---|---|
| 笔尖面 | 140g |
| 酱汁 | |
| 番茄红酱（→P17） | 200ml |
| 红辣椒 | 2个 |
| 大蒜（带皮拍碎） | 1瓣 |
| 帕达诺奶酪粉 | 适量 |
| 纯橄榄油 | 3大勺 |
| 热水 | 3L |
| 煮面用盐 | 25g |

【提前准备】

煮沸煮面用的热水，放盐。

**主厨有话说**

红辣椒的辣味会渗进油里，在水分较多的酱汁里辣味很难散发出来，所以在放入番茄红酱前，要先和油一起加热。不过，太辣的话会影响意大利面自身的味道，所以稍微炒一下即可。另外，烹饪时手一定不能接触红辣椒，因为接触过红辣椒的手会把强烈的辣味转移到其他食材上，更需注意不要用这样的手揉眼睛。

适合搭配用酒
略酸的白葡萄酒

## 1
用剪刀剪掉红辣椒的蒂，取出里面的种子。

## 5
关火放入番茄红酱，再放上红辣椒。

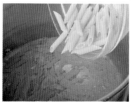

## 2
开始煮笔尖面。

## 6
在笔尖面煮好2分钟前，中火加热步骤5的酱汁。煮好的笔尖面沥干水分后放入酱中。

## 3
平底锅内放入红辣椒、大蒜和纯橄榄油，中火加热，慢慢地将将红辣椒和大蒜的香味渗进油里面。

## 7
关火，放入约1大勺面汤，晃动几下平底锅使其混合。

## 4
大蒜的表皮略微上色，香味出来后，取出红辣椒，以免过辣。

## 8
拿出大蒜后装盘，将红辣椒放在上面。可根据个人喜好撒上帕达诺奶酪粉。

Penne all'arrabbiata

香辣番茄笔尖面

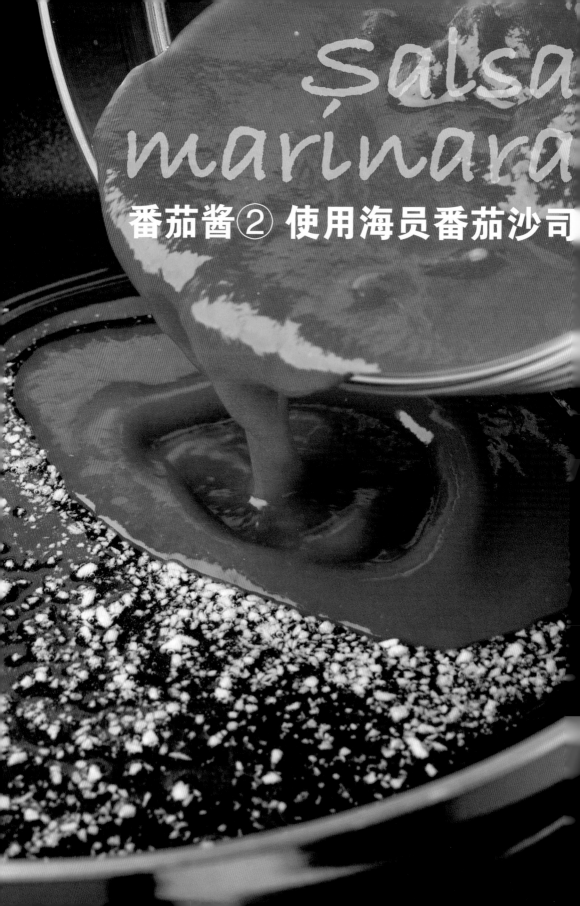

Salsa marinara

番茄酱② 使用海员番茄沙司

材料（方便制作的量600g）

番茄罐头※························ 2罐（800g）
大蒜（切末）·················· 15g
纯橄榄油······················ 3大勺
盐··························· 3g

※番茄罐头品牌不同，在甜度和酸度也各有不同。可调整炖煮的时间或放入砂糖抑制酸味。

【提前准备】
去除番茄罐头的芯和种子（→P17）。

主厨有话说

最需要注意的是大蒜的炒法。因为切成细末的大蒜，瞬间就会炒熟，所以要冷油小火慢慢炒，蒜末边缘稍微上色后立刻关火。大蒜炒出淡淡的香气是很美味的，但是炒焦的话反而有种蒜臭味。

# 海员番茄沙司

融入大蒜香味的番茄酱散发着海水般的味道，所以取名叫做海员番茄沙司。酱汁有着大蒜淡淡的香气，正适合与海鲜意大利面搭配。

**1**
平底锅内放入纯橄榄油和大蒜，搅匀。

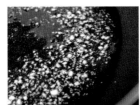

**2**
中火炒，炒到蒜末边缘呈焦黄色后关火。

**3**
放入番茄罐头。

**4**
中火加热，边加热边用打蛋器搅碎番茄块。

**5**
番茄煮好后放盐，转成小火。用勺子边搅拌，边把番茄小块搅碎。

**6**
约5~6分钟后煮好出锅。

海员番茄沙司外表和番茄红酱相差无几，但有着浓郁的蒜香味，冷冻可保存2周左右。

# 什锦海鲜意面

散发着海水般的香气和味道的海员番茄沙司搭配贝壳渗出的浓郁汤汁，成就了什锦海鲜意面特有的美味。快炒大虾和乌贼，炒到恰到好处，让其肉质柔软、鲜美无比。

**材料（2人份）**

| | |
|---|---|
| 意大利面 | 160g |
| **酱汁** | |
| 　海员番茄沙司（→P25） | 180ml |
| 　蛤蜊（带壳） | 14个 |
| 　青口贝（带壳） | 4个 |
| 　对虾（带壳） | 4条 |
| 　乌贼圈（1cm宽） | 4片 |
| 　白葡萄酒 | 40ml |
| 　欧芹（切末） | 3g |
| 　纯橄榄油 | 3大勺 |
| 装饰用特级初榨橄榄油 | 适量 |
| 热水 | 3L |
| 煮面用盐 | 25g |
| 吐沙用盐 | 水重量的3% |

【提前准备】
用水洗净蛤蜊，放入近似海水的盐水（浓度3%）中吐沙。
用水洗净青口贝，拉出触须（→P32的步骤1）。
煮沸煮面用的热水，放盐。

**美味窍门**
## 主厨有话说

青口贝或蛤蜊的壳中充满着大量鲜美的汤汁。在蒸煮的时候贝壳开口，流出汤汁，直接利用这个汤汁就十分出味。因为已经有咸味，所以无需另外放盐。

适合搭配用酒
酒体略轻的白葡萄酒、浓烈的玫瑰红葡萄酒

**1**
用剪子剪掉对虾的虾须以及头和胸部的虾脚，留下头部剥下外壳。切开虾背，用牙签等挑出虾线。

**2**
深锅内开始煮意大利面。平底锅内放入纯橄榄油，中火加热，油热后放入蛤蜊和青口贝，倒入白葡萄酒。

**3**
盖上锅盖，晃动平底锅。一直炒到贝壳开口。贝壳开口后再炒一会儿，关火将贝壳放入碗内。

**4**
在步骤3的平底锅内放入对虾和乌贼圈，用余热快炒，里面不熟也不要紧。取出和贝壳放入一个碗内。

**5**
在步骤4的平底锅内放入海员番茄沙司，中火加热。和平底锅内剩下的贝壳汤汁混合，沸腾后放入欧芹。

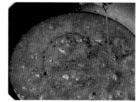

**6**
关火，放入特级初榨橄榄油提香。

**7**
将煮好的意大利面沥干水分后放入步骤6的平底锅中，晃动平底锅混合，留下多余的酱汁，装盘。

**8**
把步骤3和步骤4的海鲜倒入留下的酱汁中混合。因为油还是热的，所以不用点火。在意大利面上放上蛤蜊、青口贝和乌贼圈，最后用对虾装饰。

# Spaghetti alla pescatora

什锦海鲜意面

**1**
碗和筛网叠加在一起，倒入
金枪鱼罐头。用叉子按压，
把油脂沥干。

**4**
在意大利面煮好前倒入约1大
勺面汤，对步骤3的材料中火
加热，再将步骤1的材料放入
后快炒。

**2**
开始煮意大利面。

**5**
撒上欧芹。

**3**
平底锅内倒入纯橄榄油，中
火加热，放入蟹味菇翻炒。
期间放盐继续炒，关火放入
海员番茄沙司。

**6**
放入特级初榨橄榄油提香。
煮好的意大利面沥干水分放
入，拌匀后装盘。

# 山珍菌菇
# 意面

金枪鱼搭配菌类，在意大利餐中相当
常见。金枪鱼用油腌制后香气浓郁，
味道浓厚，搭配炒好的新鲜菌类，可
以做出一道让人口齿留香、回味无穷
的意大利面。

**材料（2人份）**

意大利面·························· 160g
酱汁
　海员番茄沙司（→P25） ······ 200g
　金枪鱼罐头 ··········· 1小罐（80g）
　蟹味菇※ ·························· 80g
　欧芹（切末）··············· 1大勺
　纯橄榄油 ···················· 2大勺
　装饰用特级初榨橄榄油 ······· 适量
　盐 ···························· 适量
热水 ···························· 3L
煮面用盐 ························ 25g

※可根据个人喜好选择杏鲍菇、香菇等菌类。

【提前准备】
煮沸煮面用的热水，放盐。
切掉蟹味菇的菌柄头，一个个地分开。

**主厨有话说**

意大利人特别喜欢放入金
枪鱼的意大利面，但不喜
欢油脂太多，所以在意餐中
一般都会把金枪鱼的油脂沥
干。用叉子不断地按压鱼肉
来沥干油脂，因为金枪鱼已
经熟了，放入酱汁后稍微
加热即可。

**适合搭配用酒**
稍微偏成熟口味的白葡
萄酒、清淡的红葡萄酒

# Spaghetti alla boscaiola

山珍菌菇意面

材料（2人份）

意大利面·······························160g

酱汁

 海员番茄沙司（→P25）·······35ml

 生海胆······························100g

 大蒜（带皮拍碎）··················1瓣

 欧芹（切末）························3g

 纯橄榄油···························2大勺

 装饰用特级初榨橄榄油··········1大勺

热水································3L

煮面用盐···························25g

【提前准备】

煮沸煮面用的热水，放盐。

**主厨有话说**

海胆中可能会混入壳的碎片，如果入口时接触到牙齿或者舌头，会影响海胆酱汁的柔软口感，所以提前挑出碎片是美味的关键。

适合搭配用酒
浓郁香醇的白葡萄酒

# 海胆意面

搭配奶油般柔软的海胆，口感顶极的意大利面。注意海胆不要太熟，并在油和酱汁中充分地混合拌匀，只要注意这一点，就能做出极致的柔软口感。

**1**

将放海胆的盒子翻过来放到盘子里，用汤勺挑出壳的碎片。

**2**

开始煮意大利面。

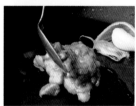

**3**

平底锅内放入纯橄榄油和大蒜，中火加热。外皮稍稍上色后关火，把海胆放在一处，避免炒得太熟。

**4**

继续关火，将海员番茄沙司倒在海胆上，放入2大勺面汤。

**5**

用勺子搅拌，使酱汁变得黏稠。

**6**

撒上欧芹，放入特级初榨橄榄油提香。在意大利面快煮好时，中火加热。放入沥干水分的意大利面，拌匀后装盘。

# Spaghetti con ricci di mare

海胆意面

# 青口贝
# 耳朵面

肉质饱满、柔软鲜美的青口贝正适合搭配有嚼劲的耳朵面。因为和耳朵面的形状相似，所以能和酱汁融为一体，做出一盘让你心满意足的意大利面。

材料（2人份）

耳朵面···················· 140g

酱汁

| 海员番茄沙司（→P25） ··· 120ml
| 青口贝（带壳） ············ 20个
| 欧芹（切末） ··············· 3g
| 白葡萄酒 ················· 50ml
| 纯橄榄油 ················· 1大勺
| 装饰用特级初榨橄榄油 ······ 2大勺

热水···················· 3L

煮面用盐················· 25g

【提前准备】
煮沸煮面用的热水，放盐。

主厨有话说

带壳的青口贝用白葡萄酒蒸煮出来的汤汁，有着贝壳的鲜美和海鲜类的清香，略带咸味，美味无比。不过在这道菜中用得不多，剩下的可以烹饪海鲜或做汤时代替高汤使用。另外，在意大利南部也经常放入橄榄油。

适合搭配用酒
带有柑橘香气的浓烈白葡萄酒

**1**
青口贝在流水下用钢丝球洗净壳上的污渍。抓住从壳里伸出的触须，沿着壳中间的缝隙用力拉动拔出。

**2**
开始煮耳朵面。

**3**
平底锅内放入纯橄榄油，中火加热。煮沸后放入青口贝，倒入白葡萄酒，立刻盖上锅盖，煮到贝壳开口。

**4**
开口后稍微加热，关火。用勺子将青口贝肉挖出来，放入碗内，剩下没弄干净的触须也要用手取下。

**5**
把平底锅内剩下的汤汁先倒入其他碗内。

**6**
热锅，放入海员番茄沙司，再放入2大勺煮青口贝的汤汁。

**7**
在耳朵面快煮好前，在步骤6内放入青口贝肉，中火加热。放入欧芹、特级初榨橄榄油拌匀。

**8**
煮好的耳朵面沥干水分，放入步骤7的酱汁里拌匀，装盘。

# Orecchiette alle cozze

青口贝耳朵面

# 使用新鲜番茄的爽口意大利面

材料（2人份）
蝴蝶面·······························140g
新鲜番茄酱汁
腌番茄※（方便制作的量）
| 番茄·······················2个（250g）
| 特级初榨橄榄油·················3大勺
大蒜（带皮拍碎）·····················1瓣
盐·······························适量
欧芹（切末）·······················3g
热水·······························3L
煮面用盐·······························25g

※腌番茄除用作意大利面的酱汁外，也可作为前菜或者配菜使用。

【提前准备】
煮沸热水，烫熟番茄去皮。
煮沸煮面用的热水，放盐。

## 番茄蝴蝶面

生番茄新鲜爽口！做出的酱汁酸酸甜甜，清清爽爽。只需将番茄用香味浓郁的橄榄油腌制，再和煮好的意大利面拌匀就做好了，做法非常简单。搭配各种意大利面都相当美味。

**1** 做腌番茄。切番茄时避开中间的芯，把周围的果肉切成4块。

**2** 用勺子仔细取出果肉部分的种子。

**3** 把取出种子的番茄切成1cm的小块，放入碗内。

**4** 把酱汁的材料（大蒜、盐和特级初榨橄榄油）放入碗内，混合腌制约10分钟后就做好了。

**5** 开始煮蝴蝶面。煮好的蝴蝶面沥干水分，放入步骤4的酱汁拌匀，装盘，撒上欧芹。

 **美味窍门**　**主厨有话说**

直接将切块的新鲜番茄和意大利面混合会失败，经过浸泡番茄汁出水分，会稀释酱汁。提前用油和盐腌制番茄，这样不会泡出水分，更容易和意大利面混合。另外，如果边加热意大利面和酱汁边搅拌，番茄会炒碎，也会炒出很多水分。所以，酱汁无需加热，做成常温的意大利面即可。

 适合搭配用酒
清爽的白葡萄酒

# Farfalle al pomodoro fresco

番茄蝴蝶面

All'olio di oliva

# 使用橄榄油

Spaghetti
aglio ,olio e peperoncino
蒜香辣椒意面

# 蒜香辣椒意面

酱汁材料含有大蒜、红辣椒和橄榄油。虽然搭配极其简单，但巧妙地平衡了香味和辣味，是一道大家百吃不厌的美味意大利面。

材料（2人份）

| | |
|---|---|
| 意大利面 | 160g |
| 大蒜（切末） | 5g |
| 红辣椒（切小块） | 1个 |
| 欧芹（切末） | 3g |
| 纯橄榄油 | 2大勺 |
| 热水 | 3L |
| 煮面用盐 | 25g |

【提前准备】
煮沸煮面用的热水，放盐。

**主厨有话说**

大蒜除切末外，也可以拍碎或者切片，做出的最终香味也各有差别，可以根据个人喜好自由选择。此次介绍的切末方法最容易炒出香味，切成差不多大小，炒到稍微上色即可，这样正好能炒出大蒜最好的香味。

**适合搭配用酒**
顺滑口感的白葡萄酒

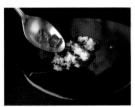

**1**
深锅内开始煮意大利面。平底锅内放入纯橄榄油、大蒜和红辣椒。

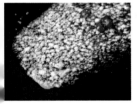

**2**
中火加热，晃动平底锅让蒜末散开。蒜末开始稍微上色后，立刻放入欧芹。关火，让香味渗到油里。

**3**
放入3大勺面汤，稍稍降低油温，以免大蒜炒焦。

**4**
在意大利面快煮好前，将步骤3的酱汁开火加热。

**5**
煮好的意大利面沥干水分放入平底锅。

**6**
晃动几次平底锅，混合意大利面和酱汁。

**7**
平底锅底的水分炒干，让酱汁和意大利面充分混合后装盘。

# 白葡萄酒蛤蜊意面

以橄榄油为基础，放入蛤蜊的蛤蜊酱汁。蛤蜊肉的柔软鲜美自不必说，藏在贝壳里满满的浓郁汤汁才是味道的关键。多多用带壳的蛤蜊来做意大利面吧。

**材料（2人份）**

| | |
|---|---|
| 意大利面 | 160g |
| 蛤蜊（带壳） | 300g |
| 大蒜（带皮拍碎） | 1瓣 |
| 红辣椒 | 1/2根 |
| 欧芹（切末） | 3g |
| 白葡萄酒 | 50ml |
| 纯橄榄油 | 2大勺 |
| 特级初榨橄榄油 | 1/2大勺 |
| 热水 | 3L |
| 煮面用盐 | 25g |
| 吐沙用盐 | 水重量的3% |

【提前准备】
水洗蛤蜊，放入类似海水的盐水（浓度3%）吐沙。
煮沸煮面用的热水，放盐。

**美味窍门**

**主厨有话说**

蛤蜊煮出的汤汁十分咸香鲜美，但是汤汁可能偏咸，所以一定要尝味。味道重就加水稀释，如果清淡可以适当再煮一下。另外，带壳的蛤蜊很难和意大利面混合，所以开始要把意大利面和酱汁拌匀装盘，然后把蛤蜊和剩余的酱汁拌匀盛上，这样分2个步骤会更加美味。

适合搭配用酒
稍微浓烈的白葡萄酒

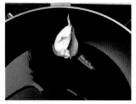

**1** 深锅内开始煮意大利面。平底锅内放入纯橄榄油、大蒜和红辣椒，中火加热。

**5** 在意大利面快煮好前，将步骤4的酱汁中火加热，放入欧芹和特级初榨橄榄油。

**2** 蒜瓣的周围开始冒泡时，取出红辣椒。关火，放入蛤蜊，倒入白葡萄酒，盖上锅盖。再次开中火蒸煮。

**6** 煮好的意大利面沥干水分，放入步骤5的酱汁中，晃动几次平底锅拌匀，装盘。

**3** 等大部分的贝壳完全开口后关火，盖上锅盖，用余热让剩下的蛤蜊开口。

**7** 把蛤蜊倒回步骤6的平底锅内，中火加热，边倒入特级初榨橄榄油加热，边和剩余的酱汁拌匀，连带酱汁一起盛在意大利面上。

**4** 捞出蛤蜊和大蒜。倒出部分蒸煮的汤汁，在平底锅内剩下大约2mm厚。

# spaghetti
## alle vongole in bianco
白葡萄酒蛤蜊意面

# 青酱扁面

散发着罗勒清香的青酱，融入了松子和奶酪的香味，味道浓郁，美味可口。最适合搭配扁平的扁面！

材料（2人份）

| | |
|---|---|
| 扁面 | 160g |
| 青酱※（方便制作的量） | |
| 罗勒叶 | 60g |
| 松子 | 30g |
| 大蒜 | 3g |
| 纯橄榄油 | 100ml |
| 盐 | 1g |
| 帕达诺奶酪粉 | 15g |
| 装饰用罗勒 | 适量 |
| 热水 | 3L |
| 煮面用盐 | 25g |

※青酱中一般都要放入奶酪粉，但为了不影响味道，要在最后出锅时放入。

【提前准备】
煮沸煮面用的热水，放盐。

**1** 做青酱。只取罗勒的叶子使用。

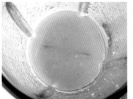

**2** 搅拌机内放入松子、大蒜和纯橄榄油，打成泥。

**3** 分2次放入罗勒，充分搅拌。倒入碗内，放盐混合均匀即可。

**4** 开始煮扁面。碗内放入5大勺青酱、帕达诺奶酪粉和2大勺面汤。

**5** 用橡皮刮刀混合均匀。

**6** 煮好的扁面沥干水分，放入步骤5的酱汁中。

**7** 用2把叉子转圈搅拌，和酱汁混合均匀，装盘，装饰上罗勒。

**美味窍门**

## 主厨有话说

青酱密封后可以在冰箱等低温的地方保存2周左右，可以尽情享受它的新鲜口感。不只用于意大利面，还可以用来当作沙拉或者鱼类的酱汁。建议多做一些保存起来，这样使用时更加方便。

适合搭配用酒
香气浓郁的浓烈白葡萄酒

# Linguine al pesto genovese

青酱扁面

材料（2人份）
意大利面·····················160g
西兰花··············1/2个（120g）
凤尾鱼片·······················2片
大蒜（带皮拍碎）··············1瓣
红辣椒··························1个
欧芹（切末）···················3g
纯橄榄油·····················2大勺
特级初榨橄榄油············1/2大勺
盐····························适量
热水····························3L
煮面用盐·····················25g

【提前准备】
煮沸煮面用的热水，放盐。
西兰花撕成小瓣，水沸腾后放盐煮软。

1 深锅内煮意大利面。平底锅内放
入纯橄榄油、大蒜和红辣椒，中火加
热，炒出香味后取出红辣椒，关火。

2 放入凤尾鱼，用叉子压碎，余
热加热。

3 放入西兰花，混合均匀。放入2
大勺面汤，和凤尾鱼融合，用叉子
将约2/5的西兰花压碎。

4 在意大利面快煮好之前，将步
骤3的酱汁开中火，边加热边放入
特级初榨橄榄油和欧芹搅拌。

5 关火，煮好的意大利面沥干水
分放入酱汁中，放入约1大勺面
汤。晃动几下拌匀，装盘。

# 凤尾鱼西兰花意面

蔬菜为主，简单美味。凤尾鱼当佐料，放
入橄榄油中丰富了意大利面的味道。

美味窍门

**主厨有话说**

把一半的西兰花弄碎，更容
易和意大利面混合，剩下的
保持原有的形状，这样既有
嚼劲，又更有风味。另外，
注意不要把凤尾鱼炒焦。

适合搭配用酒
绵柔清淡的白葡萄酒

spaghetti con broccoli
e acciughe
凤尾鱼西兰花意面

# Gnocchetti sardi con tonno e spinaci

## 金枪鱼波菜面疙瘩

材料（2人份）

面疙瘩※1 ················ 140g
金枪鱼（红肉切成2cm的小块）
················ 80g
菠菜※2 ·········· 1/5把（60g）
欧芹（切末）············· 3g
大蒜················ 1瓣
红辣椒················ 1根
纯橄榄油············· 2大勺
特级初榨橄榄油·········1/2大勺
盐················ 适量
热水················ 3L
煮面用盐················ 25g

※1 面疙瘩，发源于撒丁岛的手工意大
利短面，市面上销售的都是干面。
※2 菠菜选用里面比较柔软的叶子。

【提前准备】
煮沸煮面用的热水，放盐。

1 金枪鱼放入盐和特级初榨橄榄油混合，腌制10分钟。菠菜去掉茎部，只留下叶子。

2 开始煮面疙瘩。

3 平底锅内放入纯橄榄油、大蒜和红辣椒，中火加热，炒出香味后取出红辣椒，关火。

4 放入菠菜浸入油中，放入1/2大勺面汤。

5 在面疙瘩快煮好前，将步骤4开中火，放入欧芹和特级初榨橄榄油混合。

6 煮好的面疙瘩放入步骤5中拌匀，放入金枪鱼快速搅拌。可适量放入面汤，关火，搅拌均匀，装盘。

美味窍门
### 主厨有话说

金枪鱼和菠菜都不要炒太熟，这就是最大的窍门。刚煮好的意大利面很热，趁热放入金枪鱼充分搅拌。只要抓住这个时机，就能做出娇嫩口感的金枪鱼。

适合搭配用酒
稍微浓郁的浓烈白葡萄酒、玫瑰红葡萄酒

# 金枪鱼菠菜面疙瘩

娇嫩口感的金枪鱼点缀上清新爽口的菠菜，赏心悦目。贝壳形状的面疙瘩口感也相当不错。

# Spaghetti alla carbonara
## 奶油培根意面

# Alla crema
## 使用淡奶油

# 奶油培根意面

有着鸡蛋的甘甜和浓香的奶油培根意面。黏稠又不松散，细腻顺滑的鸡蛋酱汁和意大利面融为一体，美味无比。大量黑胡椒的辛辣味道更是锦上添花。

## 材料（2人份）

| | |
|---|---|
| 意大利面 | 160g |
| 蛋液 | |
| 　鸡蛋 | 2个 |
| 　淡奶油（乳脂含量35%） | 40ml |
| 　帕达诺奶酪粉 | 15g |
| 　黑胡椒 | 适量 |
| 意式培根※（切丝） | 50g |
| 色拉油 | 1大勺 |
| 白葡萄酒 | 2大勺 |
| 装饰用帕达诺奶酪粉、黑胡椒 | 适量 |
| 热水 | 3L |
| 煮面用盐 | 25g |

※意式培根是用盐腌制的五花猪肉，也可指五花肉自身。也可以用普通培根代替。

【提前准备】
煮沸煮面用的热水，放盐。

**1** 把蛋液的材料放入碗内，用叉子搅拌均匀。开始煮意大利面。

**5** 把意大利面倒入剩下的少量蛋液里，和蛋液搅拌后一起倒回平底锅。开中火，边加热边搅拌意大利面和蛋液。

**2** 平底锅内放入色拉油和意式培根，中火炒。稍微上色后，放入白葡萄酒，关火。

**6** 撒上帕达诺奶酪粉装饰。

**3** 煮好的意大利面沥干水分放入平底锅，放入步骤1的1/2蛋液后快速拌匀。

**7** 晃动几次平底锅使其混合，图片中蛋液的水分还留在锅底。

**4** 放入1大勺面汤混合。

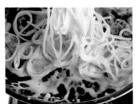

**8** 搅拌到黏稠，装盘，撒上黑胡椒装饰。

# 戈贡佐拉奶酪笔尖面

甘甜浓郁的甜味戈贡佐拉奶酪和淡奶油融合后搭配笔尖面。牛奶般顺滑的酱汁和意大利面搭配，是一道颇受欢迎的美味意大利面。

## 材料（2人份）

| | |
|---|---|
| 笔尖面 | 140g |
| 淡奶油（乳脂含量35%） | 120ml |
| 戈贡佐拉奶酪（甜味→P123） | 70g |
| 帕达诺奶酪粉 | 30g |
| 黑胡椒、欧芹（切末） | 适量 |
| 热水 | 3L |
| 煮面用盐 | 25g |

【提前准备】
煮沸煮面用的热水，放盐。
戈贡佐拉奶酪切成拇指大小。

左：帕达诺奶酪
右：戈贡佐拉奶酪

美味窍门

### 主厨有话说

最关键的是奶酪不能炒过。在放奶酪前关火，用余热融化，在完全融化前放入笔尖面，这样才更能体现奶酪的风味。另外，淡奶油加热过度会过于黏稠，所以在放入笔尖面之前要小火慢慢煮！

适合搭配用酒
中度酒体的白葡萄酒、顺滑的红葡萄酒

**1**
深锅内开始煮笔尖面。平底锅内放入淡奶油，中火加热。等一半冒泡后关火，放入戈贡佐拉奶酪。

**2**
边搅拌边用余热融化戈贡佐拉奶酪。

**3**
还有小奶酪块时，放入黑胡椒，搅拌均匀。

**4**
在笔尖面快煮好前，将步骤3的酱汁中火加热到稍微冒泡。笔尖面沥干水分放入酱汁中，边煮边用橡皮刮刀搅拌。

**5**
酱汁煮到稍微黏稠时，撒上帕达诺奶酪粉。

**6**
再次用橡皮刮刀搅拌均匀，煮到酱汁的水分所剩无几。装盘，撒上欧芹。

## 如果替换奶酪……

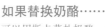

可以用斯卡莫扎奶酪或者马苏里拉奶酪替换上述材料表中的奶酪，比戈贡佐拉奶酪要清淡爽口。加热后能拉丝，会很快再次凝固，所以要和笔尖面同时放入沸腾的淡奶油，立刻装盘。边在盘中搅拌融化边食用。

左：斯卡莫扎奶酪 右：马苏里拉奶酪
※图片是烟熏制成的斯卡莫扎奶酪，新鲜的也可以。

penne al gorgonzola
e grana padano
戈贡佐拉奶酪笔尖面

# 生火腿豌豆螺旋面

螺旋状的螺旋面能更好地渗入酱汁，食用时感觉像在嘴里跳动，是一种颇为有趣的意大利短面。淡奶油中融入生火腿的味道和香气，奢华鲜美。

材料（2人份）

| | |
|---|---|
| 螺旋面※ | 140g |
| 生火腿（切丝） | 40g |
| 豌豆 | 40g |
| 无盐黄油 | 35g |
| 白葡萄酒 | 2大勺 |
| 淡奶油（乳脂含量35%） | 100ml |
| 黑胡椒 | 适量 |
| 装饰用帕达诺奶酪粉 | 15g |
| 热水 | 3L |
| 煮面用盐 | 25g |
| 煮豌豆用盐 | 热水重量的0.5% |

（1L的水含5g盐）

※选择螺旋卷细一些的螺旋面会更好地渗入酱汁，更加美味。

【提前准备】
煮沸煮面用的热水，放盐。
用沸水煮软豌豆，再放入凉水浸泡，沥干水分取出。

**1** 深锅内开始煮螺旋面。平底锅内放入黄油，中火加热，融化后放入生火腿。快炒，炒出香味后关火。

**2** 放入白葡萄酒，中火加热。

**3** 沸腾时将淡奶油全部放入。

**4** 约一半液体冒泡后关火。

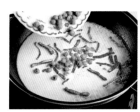

**5** 撒上黑胡椒，放入豌豆。

**6** 在螺旋面快煮好前，将步骤5的酱汁中火加热，螺旋面沥干水分放入酱汁中。

**7** 边煮边用橡皮刮刀搅拌。

**8** 最后撒上帕达诺奶酪粉，快速拌匀后装盘。

# Fusilli alla crema con prosciutto e piselli

生火腿豌豆螺旋面

# Spaghetti alla bolognese

博洛尼亚肉酱意面

使用肉酱汁

Al ragù

# 博洛尼亚肉酱意面

肉馅散发出红葡萄酒的芳香和自身的肉香，最后煮干水分反而浓缩了肉的精华，更加美味。来掌握这道地地道道的肉酱吧！

## 材料（2人份）

| 材料 | 用量 |
| --- | --- |
| 意大利面 | 160g |
| 博洛尼亚肉酱（方便制作的量约570g） | |
| 肉馅 | 500g |
| 蔬菜泥（→P11） | 150g |
| 高汤（→P166） | 1.6L |
| 红葡萄酒 | 200ml |
| 番茄泥 | 40g |
| 色拉油 | 40ml |
| 盐 | 1小勺 |
| 月桂叶 | 1片 |
| 无盐黄油 | 20g |
| 番茄红酱（→P17） | 3大勺 |
| 黑胡椒 | 适量 |
| 装饰用帕达诺奶酪粉 | 20g |
| 热水 | 3L |
| 煮面用盐 | 25g |

【提前准备】
提前加热高汤。
博洛尼亚肉酱做好后，加热煮面用的热水，放盐。

**主厨有话说**

最常见的肉酱就是博洛尼亚肉酱。加热后浓缩了肉的精华，让肉酱更加美味。从冷却的状态开始加热，这样炒干水分还好吃吗？这种问题无须担心，踏踏实实地炒成肉酱吧。放入红葡萄酒炖煮，让酱汁的味道更加丰富。另外，剩下的酱汁冷冻保存。

适合搭配用酒
厚重的白葡萄酒、清淡的红葡萄酒

**1**
平底锅内放入肉馅和色拉油，大火加热。边炒边用打蛋器用力搅拌，等肉炒出水分后转小火。

**2**
炒30～40分钟，炒成肉松。炒完后，如图片一样炒干水分，呈松散的肉松状。

**3**
煮锅内放入蔬菜泥和月桂叶，放入步骤2中炒好的肉松。

**4**
炒好肉的平底锅内放入100ml红葡萄酒，大火加热，用木铲刮下粘在锅底的肉汁并搅匀。

**5**
将步骤4的材料放入步骤3的锅内混合。剩下的红葡萄酒放盐，大火加热，煮到水分所剩无几。

**6**
放入番茄泥和450ml高汤加热，有浮沫浮起时转小火，撇出浮沫。煮到稍微沸腾时，盖上锅盖继续煮。

**7**
期间煮出水分，在能看到肉时倒入剩下的高汤继续煮。煮2个小时，放入盐和黑胡椒调味，这样肉酱就做好了。

**8**
开始煮意大利面。平底锅内放入步骤7的200g肉酱、黄油和番茄红酱加热。放入意大利面、奶酪粉和1大勺面汤拌匀，装盘。

# 艾米利亚千层面

肉香鲜美的肉酱和顺滑的白酱搭配宽面做成的千层面，虽然简单，却是美味佳肴。柔软的千层面充分吸收了2种酱汁的精华，味道独特。

材料（直径20cm的耐热容器1份）

生千层面（干面）……………… 6片
白酱（方便制作的量约280ml）
无盐黄油 ……………………… 60g
中筋面粉 ……………………… 40g
牛奶 …………………………… 800ml
盐 ……………………………… 1小勺
肉蔻粉、黑胡椒 ……… 各1/4小勺
博洛尼亚肉酱（→P51）……… 270g
帕达诺奶酪粉 ………………… 90g
黑胡椒 ………………………… 1/2小勺
热水 …………………………… 3L
煮面用盐 ……………………… 25g
涂抹耐热容器黄油……………… 少量

【提前准备】
用小锅将牛奶加热到80℃。
烤箱预热到180℃。

美味窍门
**主厨有话说**

因为要在深口容器里叠加千层面和酱汁，所以白酱可以煮得略稀一点，味道能更加清爽。另外，酱汁在烤的过程中会受热延展开，所以不需要认真仔细地涂抹。

适合搭配用酒
带有果味的清淡红葡萄酒

**1**
做白酱。锅内放入黄油，小火慢慢加热融化。放入中筋面粉，用打蛋器搅匀。炒到泡沫变小、没有粉类为止。

**2**
热好的1整杯牛奶分次放入，用打蛋器搅匀。牛奶全部放入后，放入盐、肉蔻粉和黑胡椒拌匀。

**3**
边慢慢加热边用打蛋器搅拌。图片中是煮到18分钟的状态，已经变得黏稠。

**4**
再煮大约10分钟，捞起酱汁能缓缓落下即可。图片就是白酱做好的状态。

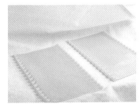

**5**
开始煮生千层面。放入凉水快速冷却，用布擦掉水分取出。

**6**
耐热容器涂上薄薄一层黄油，依次放入千层面、3大勺白酱、3大勺肉酱，再撒上1大勺帕达诺奶酪粉和黑胡椒。

**7**
将千层面旋转90°放入，依照步骤6的顺序叠加放入，重复放5层。第6片千层面上2种酱汁以相同比例混合涂抹，撒上帕达诺奶酪粉和黑胡椒。

**8**
在烤盘内倒入1cm深的热水，放上步骤7的容器中。在180℃的烤箱中烤25分钟，烤好后撒上帕达诺奶酪粉。

Lasagne pasticciate all'emiliana

艾米利亚千层面

# 海鲜烩面

用对虾、乌贼和瑶柱做成的海鲜肉酱汁香气扑鼻，甜香醇厚。尽情品尝海鲜的鲜美吧，绝对让你一饱口福。

材料（直径20cm的耐热容器1份）

| | |
|---|---|
| 意大利面 | 160g |
| 海鲜酱（方便制作的量约320g） | |
| ┌ 对虾 | 3条 |
| │ 乌贼 | 1个 |
| │ 瑶柱 | 3个 |
| │ 蔬菜泥（→P11） | 1大勺 |
| │ 月桂叶 | 1片 |
| │ 番茄泥 | 15g |
| │ 白葡萄酒 | 3大勺 |
| │ 纯橄榄油 | 3大勺 |
| └ 水 | 900ml |
| 海员番茄沙司（→P25） | 3大勺 |
| 特级初榨橄榄油 | 2大勺 |
| 欧芹（切末） | 3g |
| 热水 | 3L |
| 煮面用盐 | 25g |

【提前准备】
对虾去头去壳，只留身上的肉。
乌贼去头去内脏，剥皮。
海鲜酱做好后煮沸煮面用的热水，放盐。

## 主厨有话说

这里是将炒好的海鲜放入白葡萄酒炖煮，放水炖煮也十分美味。另外，可根据个人喜好放入海员番茄沙司装饰，这样让番茄的味道更丰富，酱汁更浓郁。

适合搭配用酒
带有果味、略厚重的白葡萄酒

**1**
用搅拌机将对虾、乌贼和瑶柱搅成细末。

**5**
放入300ml的水。

**2**
平底锅内放入2大勺纯橄榄油和步骤1的材料，中火加热。用打蛋器用力搅碎，边炒边搅拌。

**6**
在步骤3的平底锅内放入剩下的白葡萄酒，大火加热。用木铲刮下粘在锅底的汤汁，拌匀，放入步骤5的锅内继续煮。

**3**
炒干海鲜的水分，炒到干燥松散的程度，关火。

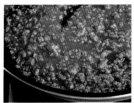

**7**
20分钟后加300ml水，然后过20分钟后再加300ml水，再煮20分钟。平底锅内放入5大勺海鲜酱、特级初榨橄榄油、海员番茄沙司和2大勺面汤。

**4**
锅内放入1大勺纯橄榄油、蔬菜泥、月桂叶和步骤3的海鲜，中火加热搅拌。放入番茄泥和2大勺白葡萄酒后再次拌匀。

**8**
开始煮意大利面。将步骤7的酱汁中火加热，煮好的意大利面沥干水分，放入拌匀。撒上欧芹拌匀，装盘。

# Spaghetti al ragù di pesce

海鲜烩面

材料（2人份）

意大利面······················160g
蔬菜酱（方便制作的量约320g）
┌ 洋葱·····················1/2个（100g）
│ 芹菜·····················1/3根（50g）
│ 西葫芦（外皮部分）·······1个（100g）
│ 红椒·····················1/2个（100g）
│ 茄子·····················1个（80g）
│ 大蒜（带皮拍碎）···········1瓣
│ 纯橄榄油·················2大勺
│ 月桂叶···················1片
│ 盐·······················1/2小勺
└ 高汤（→P166）···········200ml
番茄红酱（→P17）···········80ml
特级初榨橄榄油·············2大勺
欧芹（切末）···············3g
热水······················3L
煮面用盐··················25g

【提前准备】
红椒去除种子。
煮沸煮面用的热水，放盐。

**主厨有话说**

注意控制蔬菜的火候，要小火慢慢地煮熟，但
不要煮烂。煮到柔软但仍保留原有的形状，这
样才能做出蔬菜也很好吃的意大利面。

适合搭配用酒
新鲜口感的白葡萄酒

# 蔬菜烩面

丰富多彩的蔬菜经过高汤煮制作
成的蔬菜酱融合了多种蔬菜的味
道，这也正是这种酱汁的独特所
在。想吃简单清爽的意大利面可
以尝试一下。

**1**
洋葱、芹菜、西葫芦、红椒
和茄子各切成5mm的小块。

**2**
在煮锅内放入纯橄榄油和大
蒜，中火加热，让大蒜的香
味渗到油中。等蒜瓣的外皮
稍微上色后取出，放入洋葱
快炒。

**3**
洋葱过油后，放入芹菜、西
葫芦和红椒继续炒。

**4**
茄子非常吸油，所以最后放
入。放入月桂叶和盐，炒到
所有蔬菜变软。

**5**
倒入高汤，刚好没过蔬菜。
开始煮意大利面。

**6**
煮干水分后蔬菜酱就做好
了。蔬菜酱倒入平底锅内中
火加热，放入番茄红酱、煮
好的意大利面、特级初榨橄
榄油和欧芹拌匀，装盘。

# Spaghetti al ragù di verdure

蔬菜烩面

**意大利长面**

**特细面** fedelini
直径1.4mm左右，源于拉丁语的"薄"或者"线"的意大利细面。适合搭配橄榄油味道的料理。

**吸管面** bucatini
直径2.5mm宽，内有空心。常用来做番茄培根意面，也叫做粗管面。

**意大利面** spaghetti
这是在日本最常见的意大利面。直径1.6~2.2mm，可以搭配各种酱汁的百搭意大利面。

**天使细面** capellini
在意大利语中有"发丝"的意思，直径0.9mm的细面。经常折断搭配汤一起炖煮。

**粗面** bigoli
在威尼托地区，像做凉粉一样把面团放入专门的机器挤压而成。切面为圆形的意大利长面。

**意大利细面** spaghettini
意思就是细的意大利面，直径1.6mm。适合搭配清爽的橄榄油料理。

**扁面** linguine
把意大利面压平挤压出的形状。可以和酱汁更好地混合，在利古里亚经常搭配青酱食用。

**琴弦面** maccheroni alla chitarra
把面团放入缠吉他弦的工具中挤压而成的一种意大利面。切面为四边形。

# 意大利面的品种

去食品卖场看到意大利面，会惊讶于竟然有这么多品种。以意大利面为首的棒状意大利长面、种类繁多的意大利短面、手工做的宽面……

**意大利短面**

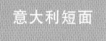

**笔尖面** penne
因形状类似笔尖而得名。大小适中，能和酱汁更好地融合，用途广泛，是最有代表性的意大利短面。

**斜管面** penne rigate
表面有纹路的笔尖面。通过纹路能更好地和酱汁融合，适合搭配浓香厚重的酱汁。

宽面
扁面

### 干面 tagliatelle

艾米利亚地区有代表性的意大利面。放入鸡蛋的黄色扁面最适合搭配当地的博洛尼亚肉酱。

### 缎带面 fettuccine

0.8~1cm宽的手工扁面。最常见的是图片中如漩涡状的干燥意大利面。

### 蝴蝶面 farfalle

蝴蝶结形状的意大利面，设计可爱也颇受欢迎。中间和周边厚度不同，所以可根据个人喜好适当选择。

### 耳朵面 orecchiette

"小耳垂"的意思，圆圆的，有凹陷。用西兰花搭配橄榄油做成的意大利面是普利亚地区的招牌菜。

### 螺旋面 fusili

螺旋一样的形状，所以取了这个意思为"缠线"的名字。螺旋的纹路能更好地和酱汁融合。

### 细宽面 tagliolini

约2mm宽的细宽面。用放入鸡蛋的面团做成的生意大利面，也有干燥过的。

### 宽面 pappardelle

薄片形状，2~3cm宽的宽面。如果用锯齿滚刀来切，边缘就会呈现锯齿状。

### 千层面 lasagne

最宽的薄片形状的意大利面。搭配博洛尼亚肉酱和白酱一起烤制是意大利北部的传统料理。

### 贝壳面 conchiglie

贝壳形状的意大利面。小一点的叫做小贝壳面。

### 面疙瘩 gnocchetti sardi

意思是来自撒丁岛的小面饺，面饺本来也有通心粉的意思，所以这个名字是据此而来。

### 通心管面 garganelli

艾米利亚地区的意大利面。将压薄的正方形意大利面面皮，沿着对角线卷成直径1cm的管状。

# 各种彩色意大利面

在意大利也有各种彩色意大利面。揉入天然食材制作而成，比如红色的是放入红辣椒，黑色的是放入乌贼汁。也有遵循健康原则，不用精制小麦粉，而使用全麦粉的意大利面（图片左）。这种意大利面呈茶褐色，虽然口感有点粗糙，但富含植物纤维。

### 车轮面 rotelle

车轮形状的意大利面，常搭配汤一起炖煮。也有彩色的车轮面。

### 麦穗面 spighe

麦穗形状的意大利面。口感不错，主要搭配汤一起炖煮。

# Pasta fresca, Risotto e Minestra

生意大利面、烩饭、汤

# 基础意面面团的做法

## 不放鸡蛋的意面面团

简单材料制作而成，呈现面粉原本的味道。用来做耳朵面、特飞面。

材料（2人份145g）
不放鸡蛋的意面面团
硬粒面粉 ·············· 70g
中筋面粉 ·············· 30g
盐 ·············· 1小撮
温水 ··············45ml
撒粉用中筋面粉…… 适量

**1**
碗内放入硬粒面粉、中筋面粉和盐混合。放入一半温水，用手指搅匀，放入剩下的温水。

**2**
用面团揉下粘在碗边的面粉，大拇指按住碗边，在内侧将面团揉圆。

**3**
将碗内的面粉揉干净后，在案板上撒上面粉，取出面团。

**4**
用拇指反复地按压、揉搓。揉到表面光滑后，用保鲜膜包住，冷藏3个小时左右。

## 放入鸡蛋的意面面团

放入鸡蛋，让口感更加柔软。多用来做干面、面片和蝴蝶面。

材料（2人份160g）
放入鸡蛋的意面面团
中筋面粉 ·············100g
鸡蛋 ·············1个（60g）
盐 ·············· 1小撮
撒粉用中筋面粉…… 适量

**1**
在碗内放入中筋面粉和盐，打入鸡蛋，用手抓碎鸡蛋混合。

**2**
用面团揉下粘在碗边的面粉，大拇指按住碗边，在内侧将面团揉圆。

**3**
将碗内的面粉揉干净后，在案板上撒上面粉，取出面团。

**4**
用拇指反复地按压、揉搓。揉到表面光滑后，用保鲜膜包住，冷藏3个小时左右。

材料（2人份）

放入鸡蛋的意面面团（→P61）…… 160g
博洛尼亚肉酱（→P51）………… 200g
无盐黄油…………………………… 20g
番茄红酱（→P17）……………… 3大勺
黑胡椒……………………………… 适量
装饰用帕达诺奶酪粉……………… 30g
热水………………………………… 3L
煮面用盐…………………………… 25g
撒粉用中筋面粉、硬粒面粉……… 适量

【提前准备】
煮沸煮面用的热水，放盐。

### 主厨有话说

生意大利面要比干面更容易和酱汁混合，食
用更方便，更能和味道融为一体。在发明博
洛尼亚肉酱的博洛尼亚地区，提起肉酱，想
到的不是意大利面，而是手工做的干面。

适合搭配用酒
清淡的红葡萄酒

使用放入
鸡蛋的意面
面团

# 博洛尼亚干面

手工干面的特点在于可以手工做出新鲜细腻
口感的意面。咀嚼时面粉的香味一点点扩散
出来。

**1**

案板撒上中筋面粉，将面团
揉成棒状。两面反复擀成
1mm厚的面皮。擀薄后，撒
上硬粒面粉。

**2**

切下面皮的上下两端，留下
约18cm宽。

**3**

面皮从一边开始卷起。

**4**

用刀子切成8～10mm宽的小
块，揉成小条。

**5**

在热水中将步骤4的面条煮
7～8分钟。因为比较厚，所以
比干燥的意大利面煮得时间
长。煮好的面沥干水分，和准
备好的博洛尼亚肉酱拌匀（按
照P51的步骤8），装盘。

# Tagliatelle alla bolognese

博洛尼亚干面

材料（2人份）

放入鸡蛋的意面面团（→P61）

…………………………… 160g

海鲜酱（→P54）………… 180g

海员番茄沙司（→P25） 3大勺

特级初榨橄榄油………… 3大勺

欧芹（切末）…………… 3g

热水…………………… 3L

煮面用盐……………… 25g

撒粉用中筋面粉、硬粒面粉、盐

…………………………… 适量

【提前准备】

煮沸煮面用的热水，放盐。

1 面团用擀面杖擀成1mm厚。用滚刀切成2～3cm的平行四边形。

2 煮沸的热水将步骤1的面片煮8～9分钟。因为比较厚，所以比干燥的意大利面煮得时间长。

3 煮好后沥干水分，将准备好的海鲜酱和欧芹参照P54的步骤8拌匀装盘。

适合搭配用酒

带有果味的白葡萄酒

# 海鲜烩面片

意思为"布片"的面片，享受鸡蛋的美味。

*Stracci con ragu di pesce*

海鲜烩面片

# 生火腿豌豆蝴蝶面

和酱汁更好地融合的蝴蝶面，和奶油酱搭配正相宜！

**材料（2人份）**

| | |
|---|---|
| 放入鸡蛋的意面面团（→P61） | |
| …………………… | 160g |
| 生火腿（切丝）…………… | 50g |
| 豌豆………………………… | 50g |
| 无盐黄油…………………… | 40g |
| 白葡萄酒…………………… | 2大勺 |
| 淡奶油（乳脂含量35%）…… | 120ml |
| 黑胡椒……………………… | 适量 |
| 装饰用帕达诺奶酪粉……… | 15g |
| 热水………………………… | 3L |
| 煮面用盐…………………… | 25g |
| 撒粉用中筋面粉、硬粒面粉、盐 | |
| …………………… | 适量 |

【提前准备】

煮沸煮面用的热水，放盐。

**1** 案板撒上面粉，用擀面杖将面团擀成1mm厚，用锯齿滚刀切成2~3cm的四方面片。拧起中间，做成蝴蝶结。

**2** 煮沸的热水中将步骤1的蝴蝶结面片煮8~9分钟。因为比较厚，所以比干燥的意大利面煮得时间长。

**3** 参照生火腿豌豆螺旋面（→P48）1~5的步骤做酱汁。煮好的蝴蝶结面片沥干水分和酱汁混合，撒上帕达诺奶酪粉拌匀，装盘。

适合搭配用酒
中度酒体的白葡萄酒

*Farfalle alla crema con prosciutto e piselli*

生火腿豌豆蝴蝶面

## 使用放入鸡蛋的意面面团

# 青酱特飞面

形状奇特的特飞面的整形过程也颇为有趣。

*Orecchiette con tonno e spinaci*

青酱特飞面

材料（2人份）

不放鸡蛋的意面面团（→P61）

……………………………………… 160g

金枪鱼（红肉、切成1cm的

小块）………………………… 80g

菠菜…………………… 1/5把（60g）

欧芹（切末）………………… 3g

纯橄榄油………………… 2大勺

特级初榨橄榄油…………… 适量

盐…………………………………… 适量

热水……………………………… 3L

煮面用盐…………………… 25g

撒粉用中筋面粉、硬粒面粉、盐

……………………………………… 适量

【提前准备】

煮沸煮面用的热水，放盐。

1 将面团切成小块，搓成圆珠笔大小的棒状，切成7~8mm宽。用拇指按一个窝，做成耳垂的形状。

2 用煮沸的热水煮步骤1的面。

3 参照金枪鱼菠菜面疙瘩（→P43）1、3~5的步骤做酱汁。将步骤2煮好的面沥干水分和酱汁拌匀，装盘。

适合搭配用酒

稍微浓厚的白葡萄酒、

玫瑰红葡萄酒

# 金枪鱼菠菜耳朵面

小巧又食用简单的意大利面，建议给小孩子食用。

材料〔2人份〕
不放鸡蛋的意面面团（→P61）
...................... 160g
四季豆...................... 10个
马铃薯（切成小块）........ 70g
青酱（→P40）............ 70ml
帕达诺奶酪粉.............. 15g
装饰用罗勒.................. 适量
热水...................... 3L
煮面用盐.................. 25g
煮蔬菜用盐...... 热水重量的0.5%
（1L的水含5g盐）
撒粉用中筋面粉、硬粒面粉、盐
...................... 适量

【提前准备】
煮沸热水放盐，煮四季豆和马铃薯。
煮沸煮面用的热水，放盐。

1 将面团切成小块，搓成圆珠笔大小的棒状，切成1cm宽。

2 把面皮放在手中，双手搓成5~6cm的小鱼形状。放入沸水中煮面。

3 碗内放入青酱、帕达诺奶酪粉、2大勺面汤，用橡皮刮刀搅匀。放入四季豆和马铃薯。

4 步骤2煮好的面沥干水分，和步骤3的酱汁拌匀装盘，撒上罗勒装饰。

 适合搭配用酒
香气浓郁的浓烈白葡萄酒

## Trofie al pesto genovese
金枪鱼菠菜耳朵面

67

# 马铃薯面饺

面饺就是用马铃薯做的意大利面。松软温和的口感获得了大家的喜爱。搭配上浓郁的黄油酱，美味十足。

**材料（2人份）**

马铃薯※1 ···················· 2个（200g）
蛋黄 ································· 1个
中筋面粉※2 ························· 70g
帕达诺奶酪粉 ······················ 40g
肉蔻粉 ···························· 适量
盐 ····························· 1/4小勺
撒粉用硬粒面粉 ····················· 适量
酱汁
| 无盐黄油 ······················· 50g
| 鼠尾草 ························· 6片
水 ································ 1L
煮马铃薯用盐 ···················· 1小勺

※1 马铃薯推荐选择肉质紧实、水分少的品种，方便揉面。用蔬菜捣碎器捣碎，使用筛网时建议选用网眼大的。

※2 马铃薯的水分各有差别，可以适当加减中筋面粉的用量来调整面饺的软硬。混合材料时，水分少就少放面，水分多就多放面。

**【提前准备】**
锅内放入水和马铃薯，带皮煮软。
煮沸煮面饺用的热水。

**主厨有话说**

面饺只用马铃薯无法成团，所以需要添加中筋面粉。面粉可以增加筋度，放入中筋面粉更容易揉面成团。不过，这样会影响马铃薯的味道，所以很难掌握平衡。选择水分较少的马铃薯，控制面粉的用量。煮好的面饺非常柔软，令人惊艳！一定要尝试一下。

适合搭配用酒
馥郁醇香的白葡萄酒

**1**
煮好的马铃薯去皮，趁热捣碎，放在案板上。

**2**
在中间挖个窝，放入蛋黄、20g帕达诺奶酪粉、肉蔻粉和盐。撒上50g左右的中筋面粉。

**3**
用刮板边切边混合。观察面团的软硬度，边混合边一点点地放入剩下的中筋面粉。

**4**
揉得松松软软，看不到粉类即可。手上撒上硬粒面粉揉圆，面团也撒上硬粒面粉，注意不要让面团起筋。

**5**
取下一块面团，撒上粉，滚圆。整形成直径约1cm的棒状，用刀切成1.5cm宽的小块。

**6**
用叉子在每块面团上按一下，使面团留下纹路，面饺完成。

**7**
深锅内煮面饺。期间在平底锅内放入黄油和鼠尾草，中火加热，融化黄油。等面饺浮在水面时，用筛网捞取沥干水分。

**8**
在平底锅内放入煮好的面饺，并放入剩下的帕达诺奶酪粉和2大勺面汤拌匀，连同酱汁一块装盘。

Gnocchi di patate

马铃薯面饺

# 帕马森奶酪烩饭

将大米用高汤煮制而成的烩饭。无需像煮粥一样煮得黏稠柔软，但要保留着清脆的口感，顺滑细腻。品味大米自身的味道。

## 材料（2人份）

| | |
|---|---|
| 大米（产于意大利）[1] | 100g |
| 帕马森奶酪粉 | 30g |
| 高汤（→P166）[2] | 650ml |
| 洋葱泥（→P11） | 6g |
| 无盐黄油 | 20g |
| 色拉油 | 1/2大勺 |
| 淡奶油（乳脂含量35%） | 1小勺 |
| 盐、黑胡椒 | 适量 |
| 装饰用帕马森奶酪粉 | 少量 |

[1] 推荐使用意大利的卡纳罗利大米。米粒大，适合用来做烩饭。

[2] 烩饭利用高汤和奶酪中的盐分来调味。为了避免越煮越咸，可以用盐分浓度在0.2%（100ml的高汤含0.2g的盐）的清淡高汤。

【提前准备】
提前加热高汤。

### 美味窍门
**主厨有话说**

虽然用帕达诺奶酪做也很美味，但是地道的烩饭一定要用帕马森奶酪来做。煮的时候，推荐用厚底的锅。边用力将粘在锅底的米粒刮下边拌匀，不然会糊在锅底。只有将每一粒米饭都煮得很烂，才是美味的烩饭。

适合搭配用酒
酒体厚重、馥郁醇香的白葡萄酒

**1**
在锅内放入色拉油、大米和洋葱泥，中火加热，用木铲炒。

**2**
炒到米粒上裹上油（如图所示），炒出光泽。

**3**
放入300ml高汤，煮约14分钟。

**4**
稍微减小火候，边煮边不时用木铲搅拌。

**5**
约4分钟后，煮出水分（如图所示），等能看见米粒时放入300ml高汤，边煮边混合。

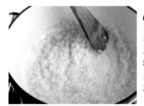

**6**
米粒越来越透明。约11分钟后，等再看见米粒时放入50ml高汤，边煮边混合。图片是14分钟后差不多煮好的状态。

**7**
关火，放入淡奶油、黄油和帕马森奶酪粉。

**8**
快速搅拌，使步骤7中放入的材料和米粒融合，放入盐和黑胡椒调味。理想的状态是米粒被搅碎，只留下一点米粒碎。装盘，撒上帕马森奶酪粉装饰。

# Risotto alla parmigiana

帕马森奶酪烩饭

# 蔬菜浓汤

只需用时令蔬菜和高汤就能做出令人惊艳的美味。炒熟蔬菜，充分展现蔬菜的味道，做出一道飘香四溢的汤品。

**材料（2人份）**

| | |
|---|---|
| 洋葱 | 1个（200g） |
| 胡萝卜 | 1/2根（100g） |
| 芹菜 | 1根（80g） |
| 马铃薯 | 小号2个（200g） |
| 豌豆 | 30g |
| 月桂叶 | 1片 |
| 色拉油 | 1/2大勺 |
| 高汤※（→P166） | 500ml |
| 盐 | 1小勺 |
| 装饰用特级初榨橄榄油、帕达诺奶酪粉 | 适量 |
| 煮蔬菜用盐 | 热水重量的0.5%（1L的水含5g盐） |

※使用市售的高汤汤块时，因为已经含有盐分，所以无需再放入材料表中的盐。放入鸡精时，可放入少量盐再煮。

【提前准备】
煮沸豌豆用的热水，放盐。
提前加热高汤。

适合搭配用酒
简单的白葡萄酒

**1** 洋葱、胡萝卜和芹菜切成8mm的小块。马铃薯切成1cm的小块后泡水。豌豆放盐煮软，沥干水分。

**5** 当锅里呈淡茶色时，放入100ml高汤。

**2** 在锅内放入色拉油和洋葱，中火加炒。洋葱过油后，放入胡萝卜、芹菜、月桂叶和盐翻炒。

**6** 用木铲铲掉锅底的焦痕后拌匀，这样汤会更加美味。

**3** 蔬菜炒出香味后，将泡软的马铃薯擦干水分放入，继续炒出香味。

**7** 等再沸腾时将剩下的高汤全部倒入，稍微沸腾后控制火候，煮10分钟。

**4** 用木铲边炒边刮锅底，以免马铃薯的淀粉粘在锅底而炒焦。

**8** 放入豌豆拌匀。装盘，撒上特级初榨橄榄油和帕达诺奶酪粉装饰。

Minestra di verdure
蔬菜浓汤

## 材料（4人份）

| | |
|---|---|
| 鹰嘴豆 | 50g |
| 白芸豆 | 50g |
| 花豆 | 50g |
| 绿扁豆 | 50g |
| 煮豆用盐 | 热水重量的0.5% |
| 洋葱泥（→P11） | 10g |
| 意式培根（切丝） | 10g |
| 纯橄榄油、盐 | 适量 |
| 月桂叶 | 1片 |
| 高汤（→P166） | 300ml |
| 装饰用特级初榨橄榄油 | 适量 |

【提前准备】
4种豆子提前在水中浸泡一晚，泡软。
提前加热高汤。

1 分别煮豆子。小火慢慢煮，不要把豆子煮烂，煮到完全柔软前关火。沥干水分。

2 锅内放入纯橄榄油、洋葱泥和培根，中火慢炒。放入步骤1的材料，炒到全部过油。

3 放入月桂叶和高汤，煮20分钟。

4 取出一半的汤，用搅拌机打成泥，再倒回去混合加热，这样能和汤更好地融合。放盐，装盘，撒上特级初榨橄榄油。

# 大豆浓汤

煮到浓稠的汤风味浓郁。采用了4种味道、形状和口感的豆子，营养丰富，让味道层层叠加，别有风味。

### 主厨有话说

豆子的种类不同，硬度也不同，泡软的时间也略有差异。比如鹰嘴豆比较硬，需要泡得时间长一点，而其他豆子泡得时间太长容易泡烂。可以根据个人喜好撒上帕达诺奶酪粉，会更加美味。

适合搭配用酒
清淡的红葡萄酒

*Zuppa di legumi*

大豆浓汤

# Minestra di zucca

南瓜浓汤

材料（4人份）

南瓜（切成2~3cm的小块）
································ 160g
洋葱泥（→P11）············· 5g
月桂叶······················ 1片
高汤（→P166）········· 300ml
盐························· 1g
纯橄榄油、搭配用法棍面包、装
饰用欧芹····················· 适量

【提前准备】
提前加热高汤。

1 锅内放入纯橄榄油、洋葱泥、南瓜、月桂叶和盐，中火加热。用木铲用力搅拌，不要炒焦，炒到锅里稍微上色。

2 分2~3次放入100ml的高汤，用木铲铲掉锅底的焦痕后拌匀，这样风味更佳。

3 剩下的高汤一勺一勺地放入，煮到南瓜变软。

4 全部放入搅拌机，打成泥，再倒回锅内加热。

5 装盘，法棍面包片烤后放入盘中，用欧芹装饰。

# 南瓜浓汤

汤汁顺滑，搭配松软甜美的南瓜一起食用，非常美味。秘诀就是慢慢炒制，煮出浓缩的精华。

**主厨有话说**

做南瓜浓汤时也可以加入牛奶等乳制品，让其口感更顺滑温和。但是本菜谱只用了高汤，这样才能完全展现出南瓜的风味。

适合搭配用酒
酒体略轻的白葡萄酒

75

材料（4人份）

大麦（珍珠麦）…………… 50g
西葫芦……………… 1/4个（40g）
芦笋……………………………… 3个
四季豆………………………… 10个
豌豆………………………… 100g
月桂叶…………………………… 1片
洋葱泥（→P11）………… 10g
无盐黄油………………… 50g
纯橄榄油、盐………………… 适量
高汤（→P166）………… 300ml
装饰用帕达诺奶酪粉…… 40g
煮大麦、蔬菜用盐
…………… 热水重量的0.5%
(2L的水含10g盐)

【提前准备】
大麦在水中浸泡一晚。
芦笋剪下3cm长的笋尖。剩下的和
西葫芦、四季豆一起切成豌豆大
小。分别煮沸，大麦用、蔬菜用的
热水放盐。
提前加热高汤。

1 在大麦用的热水里放入大麦和
月桂叶，30分钟完全煮软，沥干
水分。

2 用煮蔬菜用的热水将4种蔬菜分
别煮软，沥干水分。芦笋和豌豆各
取一半，放入2大勺高汤，用搅拌
机打成泥。

3 锅内放入纯橄榄油、洋葱泥和
在步骤2中保留形状的蔬菜，放
盐，中火炒。

4 全部过油，炒出香味后放入步
骤1的大麦、剩下的高汤以及步骤2
的青菜泥混合，炒到微热。混合青
菜泥，让味道更丰富。

5 放入黄油和帕达诺奶酪粉拌
匀，装盘。

# 大麦青菜浓汤

一粒粒的大麦和切成豆粒大小的4种青菜搭
配在一起制作的一道材料丰富的汤，满是清
爽的味道和清新的香气。

主厨有话说

先将大麦和青菜完全煮软，
然后搭配高汤用小火煮到微
热。这样煮能保留青菜特有
的清爽味道和鲜艳的绿色。

适合搭配用酒
带有果香的白葡萄酒

stra d'orzo
大麦青菜浓汤

材料（2人份）

| | |
|---|---|
| 蟹味菇（切成2～3等份）… | 60g |
| 杏鲍菇（切成1cm小块）… | 60g |
| 蛤蜊（带壳）※……… | 250g |
| 蛤蜊汁※……… | 50ml |
| 洋葱泥（→P11）……… | 10g |
| 月桂叶………………… | 1片 |
| 纯橄榄油………………… | 适量 |
| 高汤（→P166）…… | 400ml |
| 装饰用特级初榨橄榄油… | 适量 |

※蛤蜊和蛤蜊汁的制作方法请参
照白葡萄酒蛤蜊意面的烹调方法
（→P38的步骤1～4）。蛤蜊去壳
留下壳里的肉。蛤蜊汁有足够的盐
分，所以无须放盐调味。蛤蜊汁香
气浓郁，非常适合用来做汤。

【提前准备】
提前加热高汤。

**1** 锅内放入纯橄榄油、洋葱泥和2种菌类，中火翻炒，炒出香味。

**2** 菌类过油，炒软后放入蛤蜊汁。继续放入高汤和月桂叶，慢慢煮到菌类入味。

**3** 放入蛤蜊肉加热。装盘，撒上特级初榨橄榄油。

*uppa di vongole*
*on funghi*

# 菌菇蛤蜊浓汤

香气浓郁的蛤蜊汁、小火炒出精华的菌类搭配高汤极具美味。材料丰富，香美无比！

**美味窍门**

**主厨有话说**
蛤蜊汁富含盐分，所以放入汤里后不要煮太久，以免汤会变咸。如果太咸，可以加水稀释。

 适合搭配用酒
口感成熟的白葡萄酒

77

# 西口主厨告诉你如何更好地享受意餐

虽然意大利面包众人皆知，比如说使用大量橄榄油做的佛卡夏面包、细长松脆的面包棍等。虽然种类繁多，但是在意大利，搭配用餐的面包都是自家制作的。

为了让大家只需记住一种面团的做法，就能烤出多种面包，西口主厨介绍了一种非常容易的面包制作方法，是餐包、面包棍、比萨（→P85）也能用的万能面团。

另外，在餐厅里一般都使用味道较好、发酵较快的天然酵母。如果用干酵母代替时，需要用更长的时间发酵，要视发酵的程度来决定结束发酵的时间。

# 烤出意大利风味的面包

## 做基础面团

材料（方便做的量[1]）

| | 材料 | 用量 |
|---|---|---|
| A | 高筋面粉 | 125g |
| | 纯橄榄油 | 15g |
| | 盐 | 3g |
| | 细砂糖 | 2g |
| 天然酵母[2] | | 4g |
| 温水[3] | | 70g |
| 撒粉（高筋面粉） | | 适量 |

※1 这个份量可以做2个面包、14个面包棍和44个迷你比萨。

※2 天然酵母味道更好、发酵更快，可以在烘焙材料店里买到，但量太大，就算冷藏保存日期也很短。您也可以用更方便的1.5g干酵母替换。

※3 手指感到温和即可（大约35℃）。

1

温水混合天然酵母。碗内倒入材料A，搅拌酵母。

2

用手揉匀，把水分揉进面里。

3

揉成团，撒上撒粉，边用大拇指按住面团内侧边用力地揉，中间揉进粘在手指上的面团。

4

将粘在碗上的面粉和小面团揉进面里，揉成均匀光滑的面团。

5

盖上保鲜膜，室温发酵30分钟。

6

膨胀到1.5～2倍时，第一次发酵完成。混入橄榄油，比发酵前颜色要黄。

# 使用基础面包面团

散发着橄榄油香气的简单面包，适合搭配各种料理。因为没有使用黄油，所以面团松软清爽。

**1** 案板撒上面粉，放上基础面团，用刮刀切成2等份。切口用拇指按到里面。

**2** 手握起，在案板上揉搓面团，揉圆。

**3** 烤箱放上油纸，放入揉好的面团发酵约15分钟。

**4** 这是发酵完成的状态。烤箱调到160℃，烤约22分钟。

# 圆面包 味道清淡，请搭配早餐或者其他料理。

# 美味的面包棍 口感酥脆，制作简单。

**1** 案板撒上面粉，放上基础面团。用刮板将面团分成每块15g。

**2** 双手慢慢拉开面团，稍微拉长。

**3** 放在案板上，双手搓成直径5~7mm、长20cm的长条。

**4** 卷上生火腿片，做成漂亮的零食。口感不错，带有生火腿的咸味，正好搭配起泡酒或者葡萄酒。大家聚会时，推荐这一款零食。

在烤箱铺上油纸，摆好成型的面团，发酵约15分钟。烤箱预热到180℃，烤17~20分钟，烤出漂亮的焦黄色。

# 第二章
# 搭配葡萄酒的
# 简单下酒菜

本章介绍在意餐中被称为antipasto（开胃菜）的前菜。
想做一款搭配意大利面的菜品或简单的下酒菜吗，这里
为您准备了多种菜谱。不管是口感不错的下酒菜还是精
美绝伦的前菜，每样都能展现主厨的精湛厨艺。也有很
多可以提前做好的料理，作为第一道菜也要重视哦！

# Tris di bruschette
蒜末烤面包

方便食用的零食
Stuzzichini

# 蒜末烤面包

蒜末烤面包的关键就是散发大蒜香气的"白色"。在此基础上，这里还为您介绍了和意餐的代表食材番茄与橄榄油搭配做成的三色面包片。大蒜和盐的味道完美融合，正好搭配饮用葡萄酒。

材料（2人份）
法棍（1cm厚）······· 6片
腌番茄（→P34）······· 2大勺
罗勒叶······· 2片
橄榄泥······· 1大勺
特级初榨橄榄油······· 适量
大蒜······· 1/2瓣
盐······· 适量

【提前准备】
大蒜纵向对半切开，取出嫩芽。
橄榄泥和1/2大勺特级初榨橄榄油混合均匀。
烤箱预热180℃。

主厨有话说

蒜末烤面包来源于意为"烧烤"的Bruscare，表面烤成焦黄色，也可以用烤面包机烤。另外，大蒜的香味是"白色"的烤面包片的关键，所以要用大蒜用力地擦面包片，不够时可以二次烤制后再擦。

适合搭配用酒
起泡酒（普罗赛柯或者斯普曼泰）

**1**

将面包片摆在烤盘上，放入预热的烤箱烤约5分钟。稍微撒点盐，用蒜瓣的切面用力擦面包片。

**2**

放入特级初榨橄榄油，用烤箱烤7分钟。其中2片放上腌番茄，用罗勒叶装饰。其他2片放上准备好的橄榄泥。

# 帕达诺奶酪瓦片

只需用奶酪烤制的简单小零食。松脆的口感，融合奶酪的味道，食用时美味惊艳。

**主厨有话说**

为了做出漂亮的形状，建议使用直径10cm左右的小平底锅。只有大平底锅时，取出后立刻用刀切掉边缘整形。

适合搭配用酒
起泡酒（普罗赛柯或者斯普曼泰）

材料（2人份，6片左右）

帕达诺奶酪粉※ …………… 30g

※也可以用帕马森奶酪粉代替帕达诺奶酪粉。

1 中火加热不粘锅，将帕达诺奶酪粉撒成椭圆形。奶酪融化，表面煎到轻微焦黄色后，翻面。

2 背面也呈焦黄色后从平底锅里取出。趁热将开始烤的那面朝下放在擀面杖上，自然晾干，做成类似瓦片的薄片。

# Tegole di grana padano
帕达诺奶酪瓦片

# Pizzette

## 迷你比萨

材料（方便制作的量，迷你比萨44个）

基础面包面团（→P78）…200g
番茄红酱（→P17）…4大勺
马苏里拉奶酪（切成细条）
………………………… 45g
特级初榨橄榄油、撒粉（中筋面粉）、装饰用罗勒… 适量

【提前准备】
烤箱预热180℃。

*1* 案板上撒粉，将基础面包面团用擀面杖擀薄。边转动面团边均匀地擀成约1mm厚的面皮。

*2* 用模具整成约4cm大小的形状，放在铺好油纸的烤箱中静置约15分钟。给面团涂上番茄红酱，撒上马苏里拉奶酪。

*3* 放入预热好的烤箱烤约14分钟。等面团膨胀后取出装盘，放上罗勒，撒上特级初榨橄榄油。

# 迷你比萨

常见的比萨，稍加创新也能做成可爱的前菜。只要提前准备好面团，制作还是很简单的。大人、小孩都会忍不住再来一块。

**美味窍门**

### 主厨有话说

基础面包面团除了可以做面包和面包棍外，也可以用来做比萨的面皮。多做的面团可以冷冻保存。可以做成直径约4cm大小的比萨作为前菜，也可以挑战其他尺寸。

🍷 适合搭配用酒
起泡酒（普罗赛柯或者斯普曼泰）

# 茄子和西兰花丸子

整个茄子放入烤箱烤制，西兰花放盐水煮，各自最大限度地调动它们的香气后做成丸子。浓缩了蔬菜的精华，美味无比。

## 材料（2人份）

茄子丸子
| | |
|---|---|
| 茄子 | 2个（240g） |
| 白葡萄酒醋 | 1/2小勺 |
| 特级初榨橄榄油 | 1大勺 |
| 盐 | 1/4小勺 |

西兰花丸子
| | |
|---|---|
| 西兰花 | 1/2个（55g） |
| 凤尾鱼片 | 1片 |
| 白葡萄酒醋 | 1/4小勺 |
| 特级初榨橄榄油 | 1/2大勺 |
| 煮蔬菜用盐 | 热水重量的0.5% |

（1L的水含5g盐）
| | |
|---|---|
| 紫甘蓝 | 2片 |
| 菊苣 | 8片 |
| 欧芹 | 适量 |

【提前准备】
西兰花撕成小瓣。
烤箱预热180℃。

### 主厨有话说

烤过的茄子一定要使劲攥干水分。只有攥出水分和杂质后，才能保留茄子最纯粹的味道。另外，尽量把材料切碎。如果切太粗，最终做出的丸子也不会漂亮。

适合搭配用酒
起泡酒（普罗赛柯或者斯普曼泰）

**1**
做茄子丸子。茄子放入耐热盘子内，放入预热好的烤箱烤25分钟。放凉后，纵向对半切，去皮。

**2**
将烤过的茄子用手攥紧，使劲攥干水分。用刀切成小块放入碗内，放入白葡萄酒醋、特级初榨橄榄油和盐调味。

**3**
做西兰花丸子。煮沸热水，放入0.5%的盐，煮到西兰花变软。沥干水分，切碎。

**4**
在步骤3的材料内放入切碎的凤尾鱼片。放入白葡萄酒醋和特级初榨橄榄油调味。

**5**
将步骤2和步骤4的材料做成丸子，放在菊苣上，装盘。放上紫甘蓝和欧芹。

## 丸子怎么做？

【做法】
①双手各拿一把勺子。先用一把勺子挖出蔬菜糊，利用勺子的凹陷用另一把勺子压住成形。

②两把勺子交叉按压，做成橄榄球的形状。

# Tartare di melanzane e broccoli
茄子和西兰花丸子

# 威尼斯醋渍沙丁鱼

煮好的洋葱散发出甘甜的味道，腌汁酸酸的恰当好处，这都是其美味的关键。腌制2~3天再食用，这样沙丁鱼更入味。

材料（2人份）

沙丁鱼（中等大小）···················· 5条
腌汁（方便制作的量）

| | |
|---|---|
| 水 ···························· | 150ml |
| 洋葱（切片）········· | 1/2个（150g） |
| 葡萄干 ···················· | 20g |
| 松子 ······················· | 17g |
| 白葡萄酒醋 ·············· | 1/2大勺 |
| 纯橄榄油 ·················· | 100ml |
| 盐 ························· | 5g |

中筋面粉 ······················· 20g
盐 ···································· 4g
油、法棍面包、装饰用欧芹·········· 适量

**美味窍门**

### 主厨有话说

炸好的沙丁鱼上撒上刚做好的温热腌汁是这道菜美味的关键，趁热撒能更好地入味。这个腌汁除了用来腌沙丁鱼外，也可以腌制炸过的鸡胸肉、鸡脯肉、牛舌鱼或者龙虾，适用于多种料理。另外，图片中用的是餐厅特制的面包，家庭制作的时候，可以将法棍面包切片，烤后放上沙丁鱼。

 适合搭配用酒
起泡酒（普罗赛柯或者斯普曼泰）

**1**
做腌汁。锅内放入腌汁的材料加热，沸腾后转小火，盖上锅盖。

**2**
小火煮20分钟左右。看到葡萄干吸水膨胀，洋葱用手指能捏烂就可以了。

**3**
沙丁鱼切成3片，用镊子取下细刺后，切成4等份。方盘内撒上盐，摆上沙丁鱼，再撒上盐。

**4**
沙丁鱼皮上撒上中筋面粉，边在手中翻面，边让两面都沾满面粉，把多余的面粉拍下来。

**5**
油加热到180℃，将步骤4的沙丁鱼放入油中炸。声音变小，沙丁鱼周围开始消泡时，放到筛网上，摆盘撒盐。

**6**
加热步骤2的腌汁到微热，倒在步骤5炸好的沙丁鱼上面，等放凉后放入冰箱腌制1~3天。法棍面包切片烤过后装盘，放上沙丁鱼，用欧芹装饰。

# Sardele in saor
威尼斯醋渍沙丁鱼

# 帕达诺奶酪意式脆饼

搭配玉米粉做出的饼干口感酥脆。一定要品尝一下奶酪的香味和奇妙的口感。

**材料（方便制作的量，60个）**

中筋面粉·······························110g
蛋黄·································1个
无盐黄油····························75g
帕达诺奶酪粉·····················40g
白玉米粉※·························12g
细砂糖·····························6g
撒粉（中筋面粉）····················适量

※白玉米粉就是以白玉米为原料磨成的粉，可以在网上商店或者进口食材店买到。如果买不到白色的，可以用以黄玉米为原料的黄玉米粉（→P128）。

【提前准备】
黄油在室温下放软，切成小块。
烤箱预热至160℃。

**主厨有话说**

为了使口感更加酥脆，注意不要揉面过度。如果买不到玉米粉，可以用同等重量的中筋面粉代替，只是做出来的口感没有那么酥脆。

适合搭配用酒
起泡酒（普罗赛柯或者斯普曼泰）

**1**
黄油放入大碗内，用打蛋器打发，打成略硬的奶油状。

**2**
放入蛋黄打发，放入细砂糖打发到发白。放入帕达诺奶酪粉继续混合，放入白玉米粉搅匀。

**3**
材料变松散后用木铲搅拌，放入中筋面粉拌匀。

**4**
材料变黏后，用手揉成面团。

**5**
用面团揉干净碗内的面粉，揉圆，盖上保鲜膜，放入冰箱至少冷藏1个小时。

**6**
案板上撒粉，取出面团。用擀面杖擀成2mm厚，用模具整出直径约4cm的形状。烤盘铺上油纸，摆上饼干，放入预热好的烤箱烤8~9分钟。

Biscottini di grana padano

帕达诺奶酪意式脆饼

# 正餐的序幕餐前酒

在开始享用豪华的正餐前，先品尝一杯增加食欲、愉悦心情的饮品，在意大利叫做aperitivo（餐前酒）。

推荐口感酥脆的小零食搭配泡沫丰富、美味可口的起泡酒。泡沫温和、味道柔软的普罗赛柯或泡沫强烈、浓郁醇香的斯普曼泰都是经常饮用的餐前酒。

VOLO COSI的侍酒师远藤贤太郎先生准备了4款简单的餐前酒。活化肠胃的清爽气泡搭配清新水果，清爽的酸甜口感，华丽的外表，不仅让食客们喜欢饮用，也提高了他们对正餐的期待。不过因为是在餐前饮用，所以要选用酒精度数稍低的酒。

## 金巴利
## 鲜橙汁

酒精度数低，不善饮酒的人也可以饮用。

材料（1人份）

| | |
|---|---|
| 100%纯橙汁 | 50ml |
| 金巴利酒※ | 20ml |
| 苏打水 | 20ml |
| 橙子切片 | 1片 |
| 冰水 | 适量 |

※产于意大利，以香草或者香料为原料，略有苦味的利口酒，颜色为红色。

【做法】
杯子放入冰水，倒入100%纯橙汁，倒入金巴利酒和苏打水轻轻混合，装饰上橙片。

*Spremuta d'arancia al profumo di campari*

金巴利鲜橙汁

# 柠檬汁

苏打水搭配柠檬，清新爽口。

*Limonata al limoncello*
柠檬汁

材料（1人份）
柠檬酒※ …………… 30ml
糖浆…………………… 10ml
苏打水……………… 100ml
柠檬片………………… 1片
薄荷叶………………… 1片
冰水………………… 适量

※用意大利南部的柠檬皮做的利口酒。

【做法】
杯子内放入冰水，倒入柠檬酒和糖浆，倒入苏打水轻轻混合。柠檬皮挤出柠檬汁调味，装饰上薄荷叶。

*Spumante ai frutti di bosco*
双莓起泡酒

# 双莓起泡酒

果实和利口酒搭配双莓做成的女性喜爱的微甜起泡酒。

材料（1人份）
起泡酒………………… 100ml
黑醋栗酒※1 ………… 少量
草莓※2 ……………… 2个

※1 以黑醋栗为原料的利口酒。

※2 可以根据个人喜好放入蓝莓、黑莓、覆盆子等浆果类，也可以混着用。

【做法】
草莓纵向切成4等份，倒入黑醋栗酒混合，腌制约30分钟。倒入杯内，再倒入冰凉的起泡酒。

# 白桃贝利尼

发源于威尼斯，是意大利很有代表性的鸡尾酒。

材料（1人份）
白桃果汁………… 30ml
普罗赛柯………… 100ml

【做法】
杯子内倒入白桃汁，慢慢倒入冰凉的普罗赛柯起泡酒，轻轻混合。

*Bellini*
白桃贝利尼

insalata di riso

米饭沙拉

蔬菜前菜

Antipasti di verdure

# 米饭沙拉

在意大利，米饭也可以作为蔬菜使用，做成沙拉也是很流行的吃法。要注意将意大利大米煮得恰当好处，才能再现地道的味道。

材料（2人份）

| | |
|---|---|
| 意大利大米[※1] | 80g |
| 熟火腿[※2]（→P126，切成5mm的小块） | 25g |
| 胡萝卜（切成5mm的小块）… 1/8根（25g） | |
| 西葫芦（切成5mm的小块）… 1/4个（25g） | |
| 黑橄榄（切末） | 10个（10g） |
| 刺山柑（小，醋渍） | 20个 |
| 欧芹（切末） | 1个 |
| 月桂叶 | 1片 |
| 白葡萄酒油醋汁 | 2大勺 |
| 盐 | 6g |
| 煮蔬菜用盐……热水重量的0.5% | |
| （1L的水含5g盐） | |

※1 推荐意大利的卡纳罗利大米，其淀粉含量少，不容易煮烂，适合做沙拉。

※2 熟火腿也可以用市面上销售的火腿代替。

美味窍门
## 主厨有话说

米饭冷却后食用，煮得太过口感就会松散，也不要煮得过软，应恰到好处。另外，这是以米饭为主的料理，蔬菜或者火腿不要切得太大，切得和米饭差不多大即可，这样更赏心悦目，让人看了更有食欲。放入肉类或者奶酪会更加美味。

适合搭配用酒
清淡简单的白葡萄酒

**1**

煮沸热水，放入0.5%的盐，煮胡萝卜和西葫芦。提前混合黑橄榄和刺山柑。

**2**

1L水含5g盐，放入月桂叶，大火加热。沸腾后，无需洗米直接放入，转小火，保持稍微沸腾的状态煮12分钟，尝一下没有硬心即可。用筛网沥干水分，放凉。

**3**

碗内放入步骤2的米，再放入步骤1的材料和煮好的火腿混合。

**4**

继续放入欧芹、白葡萄酒油醋汁和剩下的1g盐拌匀，装盘。

调味汁中醋和油的基本配比是1：4。这里油用的是特级初榨橄榄油，醋用的是白葡萄酒醋，放入醋的重量10%的盐，在意大利也叫做olio e aceto（橄榄油醋汁）。微微的酒香和柔和的酸味正好衬托蔬菜的美味。

**提前做好更方便！**
## 在餐厅也颇受欢迎的白葡萄酒油醋汁

白葡萄酒醋与特级初榨橄榄油的比例为1：4

# 水煮青菜沙拉

简单的水煮青菜搭配味道鲜明的酱汁。大蒜、凤尾鱼和红椒融合在一起的独特风味，让水煮蔬菜也变身为一道华丽的料理。

材料（2人份）

马铃薯·····················1个（80g）
胡萝卜（切成一口大小）···1/4根（50g）
西兰花·····················1/4个（50g）
菜花·······················1/4个（50g）
芜菁（切成一口大小）······1/2个（60g）
酱汁（方便制作的量）

A
　大蒜　··················1瓣
　纯橄榄油　··············40ml
　凤尾鱼片　···········3片（15g）

B
　红椒　··············1/2个（100g）
　淡奶油（乳脂含量35%）·······80ml
特级初榨橄榄油、盐·············适量
煮蔬菜用盐·············热水重量的0.5%
　（1L的水含5g盐）

【提前准备】

锅内放入水和马铃薯，带皮直接煮（→P68）。煮好后剥皮，切成一口大小。
西兰花和菜花撕成小瓣。
大蒜剥皮，纵向对半切，取出嫩芽。
红椒用烤箱烤一下，放入袋中将膨胀的皮去掉，将种子和辣椒蒂去掉（→P100）。

### 主厨有话说

此次在橄榄油、大蒜和凤尾鱼混合而成的酱汁中放入红椒增加了甜味，也对传统料理做了一下创新。因为是冬天的菜品，一般搭配冬天的应季蔬菜。

适合搭配用酒
新鲜清淡的红葡萄酒（推荐皮埃蒙特的葡萄酒）

**1**
煮沸热水，放入0.5%的盐，煮软菜花、胡萝卜和芜菁。转小火，煮西兰花。

**2**
做酱汁。小锅内放入A的材料，中火加热。等大蒜开始上色后，关火用余热加热。

**3**
等大蒜完全上色后，放入B的材料，点火。

**4**
沸腾后关火，倒入碗内，用搅拌器搅拌顺滑。

**5**
把步骤4的材料倒入锅内，加热到再次沸腾，放盐调味。把步骤1的材料和马铃薯装盘，倒上特级初榨橄榄油，再撒上酱汁。

# Verdure cotte e Bagnetto piemontese

水煮青菜沙拉

# 俄式马铃薯沙拉

前一天煮好马铃薯，使其没有黏性，口感清爽。马铃薯皮和肉之间的味道也被保留了下来，能完整地享受马铃薯的美味。

材料（2人份）
马铃薯·························· 2个（200g）
胡萝卜·························· 1/4根（40g）
豌豆······························ 30g
蛋黄酱※（方便制作的量，1份240g）
| 蛋黄···························· 2个
| 色拉油···························· 225ml
| 白葡萄酒醋···················· 1/2大勺
| 盐······························ 1小撮
盐、黑胡椒·····················适量
煮蔬菜用盐···············热水重量的0.5%
（1L的水含5g盐）

※也可以用市面上销售的蛋黄酱代替。鸡蛋从冰箱取出后在室温放置10分钟再用。

【提前准备】
前一天将马铃薯带皮放入水中煮到稍硬。
胡萝卜也煮到稍硬，剥皮后，和马铃薯一起切成1cm的小块。
煮豌豆。

美味窍门
## 主厨有话说
马铃薯选用口感松软、香气浓郁的品种。做蛋黄酱时，最关键的在于使用最新鲜的鸡蛋和放油的方法。一次性放入油会使油水分离，应边确认混合的状态边慢慢放入。让油沿着大玻璃碗的边缘流入，在接触蛋液前就用打蛋器搅拌，这样更美味。

适合搭配用酒
清爽的白葡萄酒

**1**
做蛋黄酱。大碗内放入蛋黄、白葡萄酒醋和盐，用打蛋器打散蛋黄并搅匀。

**2**
在步骤1的碗里稍微放点色拉油再搅拌。等打出光泽后，再稍微放点油搅拌，重复几次。

**3**
打到发白后，提起打蛋器有小角立起来，蛋黄酱像是粘在打蛋器上一样就完成了。

**4**
在另一个碗内放入切成小块的马铃薯、胡萝卜和豌豆，撒上盐和黑胡椒，放入2~3大勺步骤3的蛋黄酱，用勺子从碗的底部翻起搅拌。

## 为什么要前一天煮好马铃薯？
提前煮好马铃薯可以减少淀粉的黏度，更容易剥皮。剥下的皮越薄，靠近皮的部分味道就越好，马铃薯也就越美味，一定要尝试一下哦。

insalata russa

俄式马铃薯沙拉

# 醋渍烤蔬菜

蔬菜经烤架烤过后，表面焦香酥脆，但中间仍鲜嫩柔软，别有风味。不只可以做前菜，也可以搭配主菜一起食用。

材料（2人份）
红椒……………………… 1个（200g）
西葫芦（切成8mm厚的片）
………………………… 1/2个（75g）
茄子（切成8mm厚的片）
………………………… 1个（90g）
大蒜（切片）…………………… 1/2瓣
百里香……………………………… 6个
纯橄榄油………………………… 2大勺
特级初榨橄榄油………………… 2大勺
白葡萄酒醋……………………… 1大勺
色拉油、盐、装饰用欧芹………… 适量

【提前准备】
烤箱预热180℃。
烤架大火加热，涂上色拉油再烤蔬菜。

**主厨有话说**

红椒烤后再蒸，更能增加它的甜味。因为含糖量高容易烤焦，所以在用烤架烤时要注意火候。用平底锅煎时，要小火慢慢煎。用烤面包机时注意不要烤焦。不过，用烤架烤出的蔬菜香味更独特。另外，腌制一天，这样大蒜和百里香能更好地入味，会更加美味。

适合搭配用酒
清淡简单的白葡萄酒

**1**
耐热容器内倒入色拉油，放入红椒，预热好的烤箱烤10分钟，翻面再烤10分钟。放凉后，放入袋中蒸10分钟以上。

**2**
剥去红椒的皮。去除红椒蒂和种子，切成4等份，放入盘中摆好，撒上1大勺纯橄榄油。

**3**
西葫芦和茄子放入盘中摆好，撒盐。放置20～30分钟，等腌出水分后，用厨房纸擦掉水分，撒上1大勺纯橄榄油。

**4**
西葫芦摆在烤架上烤出焦痕，旋转90°后让焦痕成格子状，反面用同样的方法烤。茄子也同样烤两面。

**5**
烤架转小火，将步骤2的红椒放在烤架上，烤出和步骤4一样的焦痕。

**6**
盘子撒上盐和1大勺特级初榨橄榄油，摆上步骤5烤出的材料。再次放入盐、白葡萄酒醋和剩下的特级初榨橄榄油，放上大蒜和百里香后盖上保鲜膜，放冰箱冷藏1天。

# Verdure grigliate marinate

醋渍烤蔬菜

材料（2人份）
茄子·············· 1个（80g）
西葫芦（切成2cm的小块）
················ 1个（140g）
芹菜（切成2cm的小块）
················ 1/4根（50g）
洋葱（切成2cm的小块）
················ 1/2个（100g）
红椒（切成2cm的小块）
················ 1/2个（100g）
绿橄榄··············· 10粒
刺山柑··············· 10粒
松子················· 10g
番茄红酱（→P17）··· 5大勺
白葡萄酒醋········· 1/2大勺
特级初榨橄榄油····· 1/2大勺
砂糖················ 1小勺
水··················· 80ml
盐、油·············· 适量

【提前准备】
绿橄榄切成两半，取出种子。
茄子切成2cm的小块撒盐，腌制30
分钟，攥干水分。

1 将油热到180℃，炸完茄子后
撒盐。同样，按顺序炸西葫芦、
芹菜、洋葱和红椒，撒盐。

2 把步骤1的材料倒入平底
锅，放入番茄红酱、白葡萄酒
醋、水、绿橄榄、刺山柑和松
子，小火煮8分钟。这期间，
注意搅拌不要煮焦。

3 完成后放糖。再次沸腾后，
关火，放入特级初榨橄榄油拌
匀。冰箱冷藏1天。

# 西西里烩菜

放入砂糖增加甜味，虽然这在意餐中
比较少见，但正是这道西西里岛料理
的精髓。炸后再煮，调动出蔬菜最浓
烈的香味。

## Caponata

### 西西里烩菜

主厨有话说

油炸的时候，为了不让洋葱和红椒污染
油，要放在最后炸。橄榄用绿橄榄或黑橄
榄都可以，这里为了让味道清爽，选用的
是绿橄榄，想要味道更浓时可选用含油脂
多的黑橄榄。因为是夏天的前菜，所以冷
藏后再食用，当然常温食用也很美味。

适合搭配用酒
清淡的红葡萄酒（尽量选用西西里
岛的葡萄酒）

Frittata **erdure**

剩余蔬菜制作的蛋饼

# 剩余蔬菜制作的蛋饼

这就是意大利版的鸡蛋卷，蔬菜坚硬的部分放盐煮一下，这样更出香味，再放入蛋中，剩余的材料就变身为一道美味料理。

**主厨有话说**

洋葱、甜椒、西葫芦等剩余蔬菜都可以用来做蛋饼。为了把蔬菜弄熟，煮过后再放入烤箱，直接用小火慢慢煎，注意不要煎糊。另外，图片中使用的是直径12cm的平底锅。

适合搭配用酒
顺滑的白葡萄酒

材料（4人份）

| | |
|---|---|
| 鸡蛋 | 4个 |
| 西兰花茎 | 60g |
| 芦笋（硬的部分） | 20g |
| 意式培根※（切成1cm小块） | 30g |
| 帕达诺奶酪粉 | 16g |
| 淡奶油 | 50ml |
| 色拉油、盐、黑胡椒 | 适量 |
| 煮蔬菜用盐 | 热水重量的0.5% |
| （1L的水含5g盐） | |

※意式培根可以用普通培根代替。

【提前准备】
西兰花茎、芦笋去皮，切成1cm小块。
烤箱预热180℃。

1 煮沸热水，放入0.5%的盐，煮切成小块的西兰花和芦笋。平底锅内热好色拉油，快炒意式培根。

2 碗内放入打散的蛋液、盐、黑胡椒、帕达诺奶酪粉和淡奶油，拌匀，再放入步骤1的材料。

3 小平底锅热好色拉油，倒入步骤2的蛋液，放入预热好的烤箱，烤8~9分钟。

# 焗烤西兰花

西兰花的分量感和马苏里拉的浓香搭配在一起，色香味俱佳。

## *Broccoli gratinati alla mozzarella*

焗烤西兰花

**材料（2人份）**

西兰花………… 1棵（200g）
帕达诺奶酪粉…………… 10g
马苏里拉奶酪（切成小段）
……………………………… 30g
无盐黄油……………… 30g
纯橄榄油…………… 1/2大勺
特级初榨橄榄油…… 1/2大勺
盐…………………… 1小撮
黑胡椒…………………少量
煮蔬菜用盐 … 热水重量的0.5%
（1L的水含5g盐）

**【提前准备】**
西兰花撕成小瓣。
烤箱预热180℃。

**1** 煮沸热水，放入0.5%的盐。
煮西兰花，沥干水分撒盐。

**2** 加热平底锅，放入黄油，
煎步骤1的西兰花。黄油和西兰
花拌匀，放入耐热容器。

**3** 步骤2内放入帕达诺奶酪粉
和纯橄榄油，放上马苏里拉奶
酪，撒盐。

**4** 将制作好的步骤3的材料放
入预热好的烤箱，烤6~7分
钟，将马苏里拉奶酪融化。烤
好后，撒上黑胡椒和特级初榨
橄榄油装饰。

适合搭配用酒
清淡的白葡萄酒

材料（2人份）

胡萝卜（切粗块）… 1个（200g）
柠檬油醋汁（→P117）… 1/2大勺
薄荷叶………………………适量
柠檬皮………………………少量
盐…………………………… 1小撮

**主厨有话说**

油炸的时候，为了不让洋葱和红椒污染油，要放在最后炸。用绿橄榄或者黑橄榄都可以，这里为了让味道清爽，选用的绿橄榄，想要味浓时可选用含油脂多的黑橄榄。因为是夏天的前菜，所以冷藏后再食用，当然常温食用也很美味。

适合搭配用酒
清淡的白葡萄酒

1 碗内放入切成粗块的胡萝卜，放入盐和柠檬油醋汁拌匀。

2 将步骤1的材料中放入薄荷叶和柠檬皮，盖上保鲜膜冷藏半天。

# 胡萝卜薄荷沙拉

薄荷搭配柠檬，衬托胡萝卜的甜味。

Insalata di carote
胡萝卜薄荷沙拉

材料（2人份）

菜花·············· 1棵（200g）
蛋黄酱※1（→P98）2个1/2大勺
藏红花※2·················4~5朵
特级初榨橄榄油········ 1大勺
盐···················· 1小撮
煮蔬菜用盐··· 热水重量的0.5%
（1L的水含5g盐）

※1 蛋黄酱可以用市面上销售的产品
的代替。

※2 藏红花可以用味道不明显的藏红
花粉来代替。

【提前准备】
前一天混合藏红花和蛋黄酱。腌
制一天，让颜色更鲜艳、味道更
明显。
菜花撕成小瓣。

1 煮沸热水，放入0.5%的盐，
煮菜花。沥干水分放盐，装盘。

2 撒上特级初榨橄榄油装
饰，撒上前一天准备好的藏红
花和蛋黄酱。

适合搭配用酒
清淡的白葡萄酒

# 菜花沙拉

顺滑的蛋黄酱搭配藏红花，色彩鲜艳，风味独特。

# Cavolfiore con
# salsa maionese allo zafferano

菜花沙拉

材料（2人份）

番茄…………… 1个（140g）
黄瓜（切成5mm的小块）
………………… 1/8根（10g）
西葫芦（切成5mm的小块）
………………… 1/8个（10g）
芹菜（切成5mm的小块）
………………… 1/8根（10g）
白葡萄酒油醋汁（→P95）
………………… 1/2大勺
特级初榨橄榄油…… 1/2大勺
盐………………… 1小撮
装饰用法棍片、罗勒叶 …适量

【提前准备】
番茄烫熟去皮，切成5mm小块。放
入80g腌番茄（→P34）也可以。

**1** 碗内放入切块的番茄，放入
特级初榨橄榄油，拌匀。

**2** 在步骤1内放入切块的黄
瓜、西葫芦和芹菜，放入盐和
白葡萄酒油醋汁，拌匀。

**3** 把步骤2的材料装盘，用法
棍面包切片和罗勒叶装饰。

 适合搭配用酒
带有果香、清淡的白葡萄酒

# 新鲜番茄和夏季
# 蔬菜沙拉

利用酸味做出清新爽口的小菜，调动食欲。

## Insalata d'estate
新鲜番茄和夏季蔬菜沙拉

材料（2人份）

南瓜…………… 1/8个（150g）
大蒜（剥皮）…………… 1瓣
迷迭香………………… 1个
纯橄榄油……………… 1大勺
盐…………………… 1/3小勺

【提前准备】
南瓜切成5cm的船状。
烤箱预热180℃。

1 锡纸包裹南瓜，放入大蒜
和迷迭香，然后撒上纯橄榄油
和盐。

2 撕开锡纸放入耐热容器，
放入预热好的烤箱。烤约30分
钟，烤到大蒜呈焦黄色。

适合搭配用酒
清淡的白葡萄酒

# 香烤南瓜

包裹上锡纸，烤到湿润软滑，品尝瓜果的美味。

Zucca al forno

香烤南瓜

材料（2人份）

四季豆………… 25个（70g）
黑橄榄（盐渍）………10粒
小洋葱※ ………2个（35g）
大刺山柑………………8粒
紫甘蓝…………………4片
白葡萄酒油醋汁（→P95）
…………………… 1/2大勺
盐………………… 1小撮
煮蔬菜用盐… 热水重量的0.5%
（1L的水含5g盐）

※小洋葱就是小号的洋葱，也可以
用一般的洋葱代替。

【提前准备】
取出黑橄榄的种子。

1 煮沸热水，放入0.5%的盐，
四季豆和小洋葱煮软。煮好
后，各切成一口大小。

2 碗内放入步骤1的材料、黑
橄榄和刺山柑，再放入白葡萄酒
油醋汁和盐。

3 紫甘蓝摆盘，中间放入步骤
2的材料。

 适合搭配用酒
清淡的白葡萄酒

# 四季豆和黑橄榄沙拉

香味浓郁的黑橄榄和酸酸的白葡萄酒醋汁搭配而成的夏季前菜。

insalata di
fagiolini e olive nere

四季豆和黑橄榄沙拉

材料（2人份）

马铃薯……… 2个（300g）
大蒜……………………… 1瓣
迷迭香……………………… 2个
色拉油……………………… 3大勺
盐………………………… 1小勺
黑胡椒……………… 1/2小勺
装饰用迷迭香………… 适量

【提前准备】
马铃薯去皮，切成一口大小。
烤箱预热180 ℃。
没有烤箱时，马铃薯在炒之前，
先煮到7分熟。没有能直接放入
烤箱的平底锅（手柄等含有易燃
物）时也可以用这种方法。

**1** 铁锅放入色拉油和大蒜，
小火加热，让大蒜的香气渗到
油中。

**2** 等大蒜上色后，放入切成
一口大小的马铃薯和迷迭香，
中火煎到焦黄色。

**3** 预热烤箱，把步骤2的材料
连同平底锅一起放入烤箱烤15
分钟左右。

**4** 烤好后从烤箱中取出，撒上
盐和黑胡椒装饰，迷迭香装饰。

适合搭配用酒
带有果味、清淡的白葡萄酒

# 迷迭香烤马铃薯

用铁锅煎出的马铃薯，外表酥脆、内部松软，超级美味！

# Patate al rosmarino
迷迭香烤马铃薯

# 米兰煎芦笋

充分品尝被黄油包裹的芦笋的美味。

材料（2人份）

| | |
|---|---|
| 芦笋…………………… | 10根 |
| 鸡蛋…………………… | 2个 |
| 无盐黄油……………… | 40g |
| 帕达诺奶酪粉………… | 4g |
| 色拉油………………… | 1大勺 |
| 盐……………………… | 少量 |
| 黑胡椒………………… | 少量 |
| 煮芦笋用盐… | 热水重量的0.5% |
| （1L的水含5g盐） | |

1 煮沸热水，放入0.5%的盐，煮芦笋，沥干水分。不粘锅内放入黄油，放上芦笋，控制火候，保持稍微冒泡的状态。

2 另一个平底锅内热好色拉油，打入鸡蛋，一个个地煎。蛋白煎熟，蛋黄煎到半熟取出，撒上盐和黑胡椒调味。

3 将步骤1的芦笋装盘，上面放上步骤2做好的煎蛋，撒上帕达诺奶酪粉装饰。

 适合搭配用酒
香醇清淡的白葡萄酒

*Asparagi alla milanese*

米兰煎芦笋

材料（2人份）

小洋葱※ …… 10个（200g）
岩盐……………………… 500g
特级初榨橄榄油、装饰用百
里香……………………… 适量

※小洋葱是小号的洋葱，也可以用
一般的洋葱代替。

【提前准备】
烤箱预热180 ℃。

**1** 耐热容器铺上盐，摆上带
皮的小洋葱，然后盖上大量的
岩盐。

**2** 把步骤1的材料放入预热好
的烤箱，烤25分钟左右。烤好
后，小洋葱装盘，撒上特级初
榨橄榄油，用百里香装饰。

适合搭配用酒
清淡的白葡萄酒

# 香烤洋葱

用大量的岩盐慢慢烤出洋葱的香气。

## Cipolline al sale grosso

香烤洋葱

材料（2人份）

| | |
|---|---|
| 杏鲍菇 | 4个（160g） |
| 鸡蛋 | 2个 |
| 帕达诺奶酪粉 | 15g |
| 面包糠 | 适量 |
| 无盐黄油 | 20g |
| 色拉油 | 3½大勺 |
| 盐、黑胡椒 | 适量 |
| 柠檬切片 | 2片 |

**1** 杏鲍菇切掉伞状部分，菌柄纵向对半切。

**2** 碗内打散鸡蛋，撒上帕达诺奶酪粉、盐和黑胡椒调味。

**3** 将步骤1切好的杏鲍菇裹上步骤2的蛋液，再裹上面包糠。

**4** 热好平底锅，多倒入油。放入步骤3的材料，边晃动平底锅，边慢慢炸，让其在油中跳动。

**5** 待杏鲍菇周围的气泡变大时翻面，转小火，放入黄油，边炸边翻动杏鲍菇，让面包糠吸收黄油的味道。装盘，放上柠檬。

适合搭配用酒
偏酸的新鲜白葡萄酒

# 面包糠炸杏鲍菇

黄油的味道搭配面包糠的香气，口感超级棒！

Cardoncelli impanati

面包糠炸杏鲍菇

113

材料（2人份）

马铃薯·········· 1个（150g）
牛肝菌干················· 15g
酱汁
┌ 淡奶油（乳脂含量35%）
│ ·················· 50ml
│ 泡发牛肝菌干的水··· 30ml
│ 帕达诺奶酪粉 ········ 15g
└ 盐、黑胡椒 ······· 1小撮
无盐黄油················ 15g
纯橄榄油·············· 1大勺
盐、黑胡椒、装饰用欧芹
（切末）·············· 适量

【提前准备】
马铃薯带皮放入水中煮软，剥皮。
牛肝菌干放入400ml水中泡30分钟。
烤箱预热180℃。

1 捣碎马铃薯。将泡好的牛肝菌切末，用泡发的水和一部分细末（25g）做酱汁。

2 锅内放入黄油，小火加热，等黄油开始冒泡时，放入1的牛肝菌，拌匀，再放入马铃薯，拌匀。

3 把步骤2做成丸子（→P86）放入耐热容器。撒上纯橄榄油，放入预热好的烤箱烤5～6分钟。

4 锅内放入淡奶油和步骤1泡好的牛肝菌，倒入泡发的水，大火加热。沸腾后关火，放入帕达诺奶酪粉、盐和黑胡椒。

5 将步骤4的酱汁倒在盘中，放上步骤3中烤好的丸子。撒上欧芹装饰。

 适合搭配用酒
稍微成熟的白葡萄酒

# 牛肝菌和马铃薯丸子

意大利菌类之王牛肝菌，搭配马铃薯做成顶级美味。

## Quenelles di patate ai funghi secchi

牛肝菌和马铃薯丸子

材料（2人份）

菌类…………　10个（150g）
帕达诺奶酪………………… 10g
欧芹（切末）…………… 1g
柠檬油醋汁（→P117）
………………… 不足1大勺
特级初榨橄榄油……… 2小勺
盐、装饰用芝麻菜、小番茄
………………… 适量

【提前准备】
菌类切掉根部，切薄片。
帕达诺奶酪用刨丝器刨成丝。

*1* 碗内放入切成片的菌类、
刨成丝的帕达诺奶酪和盐，再
放入柠檬油醋汁。

*2* 把步骤1的材料装盘，撒上
欧芹和特级初榨橄榄油。放入
小番茄和芝麻菜装饰。

 适合搭配用酒
口感柔和的白葡萄酒

# 菌类沙拉

用新鲜菌类代替牛肝菌，创新意大利的招牌菜牛肝菌沙拉。

*Insalata di funghi*

菌类沙拉

115

# Antipasti di pesce

海鲜下酒菜

insalata di mare

海鲜沙拉

# 海鲜沙拉

搭配酸酸的腌黄瓜和柠檬，做出美味的沙拉。只要煮得恰到好处，海鲜的味道也会让人惊艳。

材料（2人份）

虾<sup>※</sup> ···································· 4条
乌贼（切成圈）<sup>※</sup> ·········· 1个（90g）
瑶柱<sup>※</sup> ······················· 4个（100g）
芹菜···························· 1/5根（20g）
腌黄瓜···································· 10g
欧芹（切末）·························· 1个
柠檬油醋汁（→如下）·········· 2大勺
特级初榨橄榄油···················· 9ml
盐·······································适量
煮海鲜用盐··············热水重量的0.5%
（1L的水含5g盐）
※也可以用冷冻海鲜代替。

【提前准备】
芹菜去皮，和腌黄瓜一起切成火柴棒大小。
去掉虾须虾脚，剥壳，背部用刀挑去虾线
（→P26）。

 主厨有话说

煮海鲜时火不要太大，煮干水分也会影响口感。因此，最关键的就是控制火候。请使用可以直接生吃的新鲜食材，使用冷冻海鲜时，为了可以放心食用，一定要多煮一会儿。

🍷 适合搭配用酒
清爽略酸的白葡萄酒

**1**
煮沸热水，放入0.5%的盐，先煮瑶柱。趁表面开始变白时，放入虾。虾变红时，放入乌贼。

**2**
放入乌贼煮2分钟左右后，全部取出放凉。虾去头去尾，瑶柱切成4等份。

**3**
碗内放入步骤2的材料、芹菜和腌黄瓜，放盐拌匀。

**4**
在步骤3的材料中放入欧芹和柠檬油醋汁，拌匀，撒上特级初榨橄榄油。

提前做好更方便
## 在餐厅也颇受欢迎的柠檬油醋汁

调味汁的基本配比是酸味食材和油1∶4。这里用的油是特级初榨橄榄油，酸味用的是柠檬汁，放入酸味的10%的盐，做成清爽口味，在意大利也叫做olio e limone（柠檬橄榄油调味汁），非常适合搭配蔬菜和海鲜。

柠檬汁 1∶4 特级初榨橄榄油

# 海鲜拼盘

拼盘，最关键的是要炸得酥脆。酥酥脆脆的口感和恰到好处的盐分，如此美味的菜品一定要多喝几杯。只需用盐和柠檬汁就可以，衬托出海鲜自身的鲜美，简单美味。

材料（2人份）

| | |
|---|---|
| 虾* ································· | 4条 |
| 乌贼* ································ | 1条 |
| 比目鱼（切片）·················· | 100g |

中筋面粉、盐、油、柠檬汁、装饰用百里香································· 适量

※虾和乌贼可以用冷冻的代替。

## 主厨有话说

为了更入味，提前放盐腌制，但食材失水过多就炸不酥脆，所以只撒盐装饰即可。同样，包裹面粉的时间长了也会吸收水分，使外皮变软，所以炸之前裹上面粉就可以了。

适合搭配用酒
略酸、酒体厚重的白葡萄酒

**1**
去除虾须虾脚，剥壳，背部用刀挑出虾线。乌贼去皮，取出内脏，切成乌贼圈。比目鱼切成1mm厚、一口大小的小块。

**2**
海鲜放入方盘中，裹上满满的中筋面粉，拍下多余的面粉。

**3**
油热到180℃，按顺序放入比目鱼、乌贼和虾，以厚度为标准来安排顺序。

**4**
炸到表面呈浅黄色（油炸的声音变小，海鲜周围冒的泡变小）时就炸好了。注意，如果泡沫完全没有了，就是炸过了。

**5**
方盘撒上盐，摆上步骤4的材料。晃动盘子，使其均匀粘上盐。装盘，倒上柠檬汁，装饰上百里香。

Fritto misto

海鲜拼盘

# Soppressata di piovra

章鱼香肠

# 章鱼香肠

由章鱼足系紧凝固而制作成的令人惊艳的美味，入口即能感受到章鱼浓缩的精华。虽然料理并不费事，却一定能让众人眼前一亮，搭配酸酸的柠檬更清新爽口。

材料（方便制作的量）
章鱼※ ·········· 1条（1kg）
特级初榨橄榄油、盐、装饰用芝麻菜、腌番茄（→34）·········· 适量
装饰用柠檬油醋汁（→P117）
·········· 每2片章鱼香肠配1大勺
煮章鱼用盐·········· 热水重量的0.5%
（1L的水含5g盐）

※章鱼尽量使用非洲章鱼，如果不是此种章鱼，可能会出现胶质无法凝固的情况。

### 主厨有话说
关键在于不要把章鱼足的吸盘洗得太干净。章鱼足的黏液正是之后凝固的胶质，保留这些黏液，章鱼足才能黏合在一起保持美丽的形状。另外，切掉的章鱼头，可以用于做海鲜酱（→P54）。

适合搭配用酒
香气浓郁、浓烈的白葡萄酒

**1**
煮沸热水，放入0.5%的盐，水彻底沸腾后继续煮40~50分钟。

**2**
肉厚的地方可以插几个孔，这样更好煮。

**3**
切掉章鱼头，把章鱼足分成4份。这时，切掉章鱼足中间的喙。

**4**
章鱼足放入有水的碗内冷却，用刀削去吸盘。碰到有黏液的部分，注意不要削得太干净。

**5**
案板铺上保鲜膜，把步骤4的材料放在中间。互相交错缠绕成一样粗。

**6**
使劲挤压出空气，带着保鲜膜卷起。这时提前弄湿案板，更容易卷起。

**7**

卷好后，继续以相同的方法缠上保鲜膜，重复1~2次。

**10**

切掉步骤9制作的成品的两端，撕掉保鲜膜。盘子上撒盐，切成2mm厚的薄片并摆好，撒上柠檬油醋汁。装盘，撒上特级初榨橄榄油，装饰上芝麻菜和腌番茄。

**8**

进空气的地方用牙签插破，从洞中挤出空气和水分，再缠上保鲜膜。

### 章鱼的喙是什么？

在章鱼足的根部有嘴巴，这部分比较硬，因为类似鸟嘴，所以叫做喙。连接根部的肉叫做颈，虽然是珍馐美馔，但是注意黑色的嘴巴不能食用。

**9**

重复8的步骤3~4次。卷好后放入冰箱冷藏1天，让章鱼的胶质凝固。

# 章鱼和马铃薯搭配青酱

没凝固好的腌章鱼可以用作其他料理。一会儿就能做好的散发罗勒香气的清爽前菜。

**材料（4人份）**

腌章鱼······················ 200g
马铃薯··············· 1个（80g）
芹菜（切成1cm的小块）
····················· 1/5根（30g）
青酱※（→P40）········2大勺
柠檬油醋汁（→P117）　2大勺
特级初榨橄榄油···········1大勺
盐································ 2g
煮蔬菜用盐··· 热水重量的0.5%
（1L的水含5g盐）

※青酱可以用罗勒酱代替。

**【提前准备】**
腌章鱼切成一口大小。

**做法**

1 锅内放入水和0.5%的盐。马铃薯带皮煮好后，去皮切成1cm的小块。

2 碗内放入步骤1的材料、芹菜和腌章鱼，放入盐、青酱和柠檬油醋汁混合。撒上特级初榨橄榄油装饰。

美味窍门

### 主厨有话说

腌章鱼不能凝固时，可以做成其他料理。章鱼和马铃薯是意大利人特别喜欢的一种搭配，再搭配上散发着大蒜和罗勒清香的青酱，就做成下酒菜或者小菜。

适合搭配用酒
果味丰富的白葡萄酒

# Bocconcini di tonno fresco con pesto di verdure

## 凉拌金枪鱼

材料（2人份）

金枪鱼（生鱼片用的红肉）
················· 150g
胡萝卜·········· 1/8根（10g）
芹菜············· 1/8根（10g）
西葫芦皮···················· 10g
白葡萄酒油醋汁（→P95）
····················· 1/2大勺
盐、装饰用百里香····· 适量

【提前准备】
金枪鱼切成2cm的小块，放盐调味。

1 胡萝卜、芹菜去皮，尽量切成细末。将西葫芦皮切成细末，放入碗内。

2 在步骤1的材料里放入白葡萄酒油醋汁和盐，拌匀。

3 用小玻璃杯盛上金枪鱼，然后放上步骤2的材料，装饰上百里香。

 适合搭配用酒
酒体稍重的白葡萄酒、清淡的玫瑰红葡萄酒

# 凉拌金枪鱼

使用金枪鱼红肉的一道前菜。虽然烹调方法简单，但成品赏心悦目，可以作为招待客人的重头菜。

 美味窍门
**主厨有话说**

为了提升红肉的风味，添加的蔬菜要切成细末，不要太明显。也可以用搅拌机打碎，不过这样容易打出水分，所以要沥干水分再用。另外，要选用色彩鲜艳的西葫芦皮。剩余的西葫芦可以用来做剩余蔬菜蛋饼（→P103）。

 适合搭配用酒
清淡简单的白葡萄酒

# Antipasti di carne

肉类下酒菜

## carpaccio di filetto scottato

卡巴乔牛肉片

# 卡巴乔牛肉片

发源于威尼斯哈利酒吧的名菜卡巴乔牛肉片。本来是牛肉切薄片、直接生吃的一道前菜。这次稍加改动用火烤熟，大家可以放心食用。

材料（2人份）

牛肉片（2~3mm厚）…… 4片（180g）
帕达诺奶酪……………………………5g
芝麻菜（切成细丝）…………………20g
柠檬油醋汁（→P109）……… 1/2大勺
特级初榨橄榄油、盐、黑胡椒、色拉油
………………………………………… 适量

【提前准备】
帕达诺奶酪用刨丝器刨成丝。
烤肉前将烤架大火加热，涂上色拉油。

**主厨有话说**

在意大利，一般把肉用肉锤拍打薄后再烹调。这样不仅厚度均匀，肉质也更柔软。家里没有肉锤时，可以用保鲜膜缠上擀面杖代替。

适合搭配用酒
酒体稍重的白葡萄酒、单宁味略淡的红葡萄酒

**1**

牛肉片用肉锤拍打成1mm左右的薄片，撒上盐和黑胡椒。

**2**

放在热好的烤架上烤出焦痕。放凉后装盘，撒上芝麻菜和帕达诺奶酪。撒盐、黑胡椒、柠檬油醋汁和特级初榨橄榄油。

## 所谓正宗的卡巴乔？

这是一道纯正的牛肉料理，发源于威尼斯的哈利酒吧，应某位贵妇的要求将牛肉切薄片，直接生吃，也可以搭配蛋黄酱，是一道非常简单的菜品。

# 熟火腿

需要1周才能做好的特制火腿。虽然颇费工夫，但是这样做出来更有成就感！有机会一定要挑战一下西口主厨的拿手菜品。

**材料（方便制作的量1kg）**

| | |
|---|---|
| 猪里脊肉块 | 1kg |
| 索米尔腌汁※ | |
|   水 | 2L |
|   洋葱 | 1/2个（100g） |
|   胡萝卜 | 1/4根（50g） |
|   芹菜 | 1/4根（50g） |
|   黑胡椒粒 | 7粒 |
|   岩盐 | 80g |
|   月桂叶 | 1片 |
| 烤玉米糊（→P129） | 适量 |

※腌制肉类的时候要用的腌汁。用这个来腌制，让味道和香气尽快均匀混合。

【提前准备】
在腌制肉类前，把索米尔腌汁放入大锅内，加热至沸腾，然后放凉。

**主厨有话说**

在家制作可能要费些功夫，但是味道独特，一定要尝试一下。另外，煮猪肉时，关键在于让汤汁保持到80℃。虽然不需要太严格，但是用这个温度可以煮出鲜嫩多汁、呈现粉色的火腿。

适合搭配用酒
酒体稍重的白葡萄酒

**1**
猪肉撒满岩盐，用盐腌制，放冰箱冷藏3天。这时，为了不被腌出的水分浸泡，可放在筛网上。

**2**
用水洗去肉上的岩盐，放入有索米尔腌汁的锅内（或者桶等口径较深的容器），肉完全浸入液体，在冰箱冷藏腌制4天。

**3**
把肉从口径较深的锅或桶中取出。细水冲洗8个小时，慢慢淋掉盐分。

**4**
大锅内加热足够多的热水，放入淋掉盐分的肉，再放入温度计，保持80℃煮1个小时。从热水中取出，放凉后切薄片。盘子上放入烤玉米糊，再放入火腿。

## 为什么要保持80℃？

肉的主要成分是蛋白质，加热后会凝固，向外渗出有着肉香的水分。因此，在高温下煮，肉质容易变硬。如果低温，则煮制时间过长。保持80℃，肉的中心就会在60℃~70℃，这样蛋白质不容易变硬，肉质还会鲜嫩柔软。

Prosciutto cotto

熟火腿

材料（方便制作的量约600g）

| | |
|---|---|
| 白玉米粉※ | 180g |
| 牛奶 | 500ml |
| 水 | 500ml |
| 盐 | 7g |

※白玉米粉，就是以白玉米为原料磨成粉，可以在网上商店或者进口食材店买到。如果没有白玉米粉，可以用以黄玉米为原料的黄玉米粉代替。

白玉米粉

黄玉米粉

1 锅内放入牛奶和水煮沸，放入盐。

2 沸腾后转中火，边放入白玉米粉，边用打蛋器搅拌到没有疙瘩。

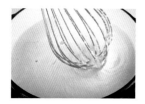

3 锅边开始变得浓稠，用力搅拌不能煮糊。搅拌到玉米糊能粘在打蛋器上时，转小火，换木铲。

4 为了不让锅底煮焦，像熬粥一样搅拌，小火煮40分钟。

5 煮到能很容易地离开锅底时，就做好了。

# Polenta
## 玉米糊

# 玉米糊

用玉米粉做好的玉米糊是意大利北部的主食。在当地一般都搭配主菜食用，也可以做成甜蜜的甜点。

美味窍门

**主厨有话说**

为了能搭配各种料理，这里将水和牛奶各占一半。根据搭配的料理不同，只用牛奶或者只用水都可以，各有风味。只用牛奶做出的玉米糊，味道更浓郁，适合搭配炖煮料理。只用水制作则味道清爽，适合搭配海鲜类。

适合搭配用酒
酒体稍重的白葡萄酒

# 炸玉米糊

主食转瞬间变身甜点！

材料（2人份）

玉米糊·················200g
鸡蛋（打散）··········2个
中筋面粉··············30g
面包糠·················50g
细砂糖、糖粉、油······适量

 适合搭配用酒
清爽简单的白葡萄酒

**1** 玉米糊倒入较深的方盘，放凉后放入冰箱冷藏约2个小时。

**2** 凝固的玉米糊从方盘中取出，切成一口大小。裹上中筋面粉后，浸入蛋液，裹上面包糠。

**3** 锅内放油，热到180℃。放入步骤2的材料，炸到焦黄色取出。撒上细砂糖、糖粉装饰。

## Polenta abbrustolita

煎玉米糊

# Polenta fritta

炸玉米糊

# 煎玉米糊

煎到焦黄色，香气扑鼻，可以搭配主菜。

材料（2人份）

玉米糊·················400g
色拉油·················1/2大勺

 适合搭配用酒
清淡简单的白葡萄酒

**1** 玉米糊倒入较深的方盘，放凉后放入冰箱冷藏约2个小时。

**2** 凝固的玉米糊从方盘中取出，切成喜欢的大小。

**3** 不粘锅内放入色拉油加热，表面煎到焦黄色时完成。

# 西口主厨告诉你如何更好地享受意餐

## 做出地道意大利味道的食材图鉴

在意餐中，是否美味关键在于它的味道和香气。只有使用生火腿、奶酪和香草等地道的食材，才能做出地道的味道。这些都是去超市或者专业食材店能买到的食材，请尽量使用它们。

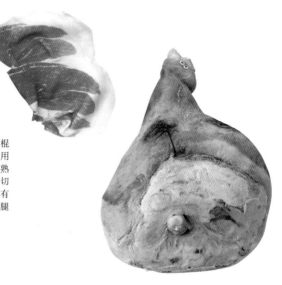

# prosciutto
# 生火腿

常见的火腿，直接食用，也可以卷上面包棍（→P80）食用，适合搭配葡萄酒。猪的大腿带骨用盐腌制后，风干熟制而成，无需加热！经过数月的熟制，香味浓郁、风味独特。因为含盐量大，所以要切薄片，一般在食材店里卖的都是薄片。生火腿主要有帕尔玛和圣丹尼尔两大产地，其中帕尔玛生产的火腿更加湿润柔软。

## 帕马森奶酪

磨成粉末可以用来调味，刨成丝可以撒在沙拉里，用途广泛。其制作比较复杂，是用1块24～40kg的巨大奶酪慢慢熟制而成，制作周期需要1～4年，因为氨基酸的作用时间越长味道越清新、爽口。

## 马苏里拉奶酪

在马苏里拉常见的全白新鲜奶酪，有独特的柔软口感。本来在那不勒斯近郊饲养的水奶牛的牛奶做出来的，所以叫马苏里拉水奶牛奶酪。一般都用普通牛奶做，要比水牛奶更甜。

*mozzarella*

*parmigiano reggiano*

## 戈贡佐拉奶酪

意大利有代表性的蓝色斑纹奶酪。根据花纹的不同，分为甜奶酪和辣奶酪，西口主厨使用的是味道温和的甜奶酪。花纹较少，质地如奶油般柔软，是现在比较流行的奶酪。而传统的辣奶酪花纹较多，比较辛辣，口味比较刺激。

*grana padano*

*gorgonzola*

## 帕达诺奶酪

在意大利北部帕达诺平原做的帕达诺奶酪，是西口主厨调味必不可少的材料。和帕马森奶酪一样需要长期熟制而成，但是价格亲民，味道温和。可以磨成粉末，也可以刨成丝。质量上乘，香味浓郁，也可以直接食用。

## 斯卡莫扎奶酪

出产自意大利南部、加热后可以拉丝的奶酪。和马苏里拉奶酪一样，用卡片将凝固的牛奶切断，之后熟制而成。分为直接熟成和烟熏两种，西口主厨使用的是图片中的烟熏斯卡莫扎奶酪，适合直接使用。

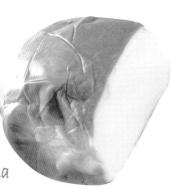

*formaggio*
# 奶酪

*scamorza*

## 马斯卡彭奶酪

做提拉米苏必不可少的奶油状的新鲜奶酪。质地细腻，口感顺滑醇厚，甜香浓郁。凝固淡奶油制作而成，所以脂肪含量接近60%～80%。除做甜点外，也可以当作蘸酱搭配蔬菜或者香草。

*mascarpone*

## 欧芹

欧芹切末撒在菜品上调味，也可以保留
形状直接装饰。为了保持颜色的鲜艳和
新鲜，可以用被水浸湿的纸巾卷起来，
放在密封罐里。

*prezzemolo*

*salvia*

# 野草香草
## erba

## 鼠尾草

略有苦味，带有青草的清爽香气。除给
肉或者淡水鱼除腥外，非常适合搭配黄
油。带有鼠尾草香气的鼠尾草黄油是意
大利北部的招牌菜，在本书的马铃薯面
饺（→P68）中也有使用。

*timo*

## 罗勒

有着类似紫苏的清凉口感和甘甜芳香。
有涩味，在潮湿的状态下保存会变成黑
色。不立刻使用时，可以放入纸盒，裹
上拧干的毛巾放入冰箱。不要使用连接
叶子的根部已变黑的罗勒，这样的已经
不新鲜了。因为不适合干燥，所以最好
趁新鲜的时候摘下使用。

*basilico*

## 百里香

略有甜味，味道清新。和肉类或者鱼类
一起烹调，可以消除腥味，提升食材本
身的味道，也可以塞入鱼肚中使用。若
只用叶子，用手指抓住茎部直接捋下叶
子即可。

menta

## 薄荷

特点是有着刺鼻的清爽香气。种类繁多，最适合用于烹调的是清爽的胡椒薄荷，经常用于装饰甜点。在小碗或者花盆中也能种植，每次用时可摘下新鲜薄荷，味道更清新。

## 迷迭香

有浓烈的青草香气，甘甜香浓，可以除掉肉类和鱼类的腥味。一般和马铃薯搭配。不要使用根部已变成黑色的迷迭香，这样的已经不新鲜了。不新鲜的枝叶有苦味，要掐掉再用。大量使用时，注意不要加热过度。新鲜的迷迭香香气浓烈，干燥的味道要更温和。

rosmarino

alloro

## 月桂叶

月桂树的叶子。经常用做酱汁或者炖煮肉类，颇受欢迎的一种香草。以此香气为基础可以做出多种料理。芳香浓烈，1片就能出香味，所以无需多用。

## 芝麻菜

是卡巴乔牛肉片或者烤肉片必不可少的意大利的代表性香草，经常用于做沙拉直接使用。特点是有着青草和芝麻的香味，稍有辣味。

rucola

# 西口主厨告诉你如何更好地享受意餐

## 提前做好蒜香橄榄油和洋葱橄榄油

提前做好备用，可以当做调料来丰富菜品的味道。所以，这里教给大家用途广泛的蒜香橄榄油和洋葱橄榄油的制作方法，也有在蒜香橄榄油中放入迷迭香或者百里香的升级版。能让煮好的意大利面或者单纯烤制的食材更有风味，一定要尝试一下。

## 拌意大利面

意大利人非常喜欢的菜品，在餐厅中能经常吃到的一道简单的意大利面。

使用这个

材料（2人份）

意大利面·····························160g
帕达诺奶酪粉······················30g
蒜香橄榄油··························3大勺
煮面面汤·····························2大勺
热水·······································3L
煮面用盐·····························25g

做法

1. 煮沸热水放盐，煮意大利面。
2. 煮好后沥干水分，放入较深的盘子。
3. 盘子撒上帕达诺奶酪粉，倒入蒜香橄榄油和面汤，用2把叉子拌匀。

材料（方便做的量）

大蒜································1瓣
纯橄榄油························110ml

1. 大蒜带皮拍碎。锅内放入纯橄榄油和大蒜，中火加热。

2. 油开始冒泡时关火，用余热让大蒜呈焦黄色。如果大蒜上色过度，立刻从油里取出。放凉后连同大蒜放入密封罐中保存。

## 蒜香橄榄油

橄榄油和大蒜，是意餐的最佳拍档。只要有了它们，就能做成调味的万能调料。

## ✚ 百里香

使用
这个

### 迷迭香烤鸡腿

常见的鸡肉上撒上调料，立刻华丽变身！

### 香烤瑶柱

百里香的清爽香气正好搭配烤肉的香气。

**材料（2人份）**

鸡腿 ············ 2个（400g）
大蒜 ···························· 1瓣
纯橄榄油 ·············· 110ml
迷迭香 ···················· 适量
白葡萄酒 ·············· 80ml
盐 ······························· 3g
黑胡椒 ······················ 1g
烤马铃薯（→P110）··· 150g

【提前准备】
在P134的步骤1中放入迷迭香，
之后用相同的方法做大蒜迷迭香
橄榄油。
烤箱预热180℃。

**做法**

**1** 耐热容器里放入3大勺
大蒜迷迭香橄榄油，鸡腿
撒上盐和黑胡椒，带皮那
侧朝上。

**2** 放入预热好的烤箱烤10
分钟左右，放入白葡萄酒
再烤20分钟。不时从烤箱
中将耐热容器取出，把中
间的热油涂到鸡肉上。

**3** 装盘，放上烤马铃薯和
迷迭香。

**料〔2人份〕**

柱 ············ 8个（160g）
蒜 ···························· 1瓣
橄榄油 ·············· 110ml
里香 ···················· 适量
级初榨橄榄油 ······ 1大勺
·············· 不到1小勺
蒙切片 ···················· 2片
玉米糊（→P129）适量

是前准备】
P134的步骤1中放入百里香，
后用相同的方法做大蒜迷迭香
油。
果大火加热。

**做法**

**1** 瑶柱用棍串成串，两面
撒盐。

**2** 在口径较深的盘子里倒
入大蒜百里香橄榄油，让
步骤1的瑶柱沾满油。

**3** 放在预热好的烤架上，
注意不要烤焦，烤到瑶柱
表面立起的程度即可。

**4** 装盘，放上煎玉米糊、
柠檬和百里香，撒上特级
初榨橄榄油。

使用
这个

## ✚ 迷迭香

## 洋葱橄榄油

提炼出洋葱的甜香，渗进橄榄油中，能够提升菜品的味道，一种非常特别的调料。

材料（方便做的量）

洋葱(切丝) ···················· 300g
纯橄榄油······················ 100ml
盐··························· 4g
水···························· 270ml

**1** 锅内放入纯橄榄油、盐、100ml水和洋葱，中火加热。

**2** 煮20分钟，煮到冒泡。期间水分减少，锅内侧和洋葱稍微上色后，将剩下的水慢慢加入。放凉后，连同洋葱放入密封罐中。

使用
这个

## 烤马铃薯和洋葱

松软的马铃薯搭配洋葱的味道，深受大家的喜欢。

材料（方便做的量）

马铃薯······ 2个（260g）
洋葱橄榄油······ 3大勺
盐··················· 1小勺
黑胡椒·············· 1/2小勺
煮蔬菜用盐 ··················
热水重量的0.5%（1L的水含5g盐）

【提前准备】
烹调前一天，先将马铃薯带皮直接煮过，做菜当天再剥皮切成片。
烤箱预热180℃。

做法

**1** 耐热盘子里涂上洋葱橄榄油，摆上马铃薯。撒上盐和黑胡椒，放上洋葱橄榄油里腌制的洋葱。

**2** 预热好的烤箱中放入步骤1的材料，烤约10分钟。烤好后，从烤箱中取出。

# 第三章

# 聚会时的主菜

正式的晚餐或招待客人时必不可少的主菜，被称作 second plant（第二道菜），也是套餐中最有花样的菜品。正因为如此，也能让餐桌增光添彩。这次严格挑选了烹调方法各有不同的10道菜品介绍给大家。也可以替换为其他食材，一定要掌握这些制作方法，尝试一下挑战的乐趣。

# Rombo alla mugnaia
## con verdure
煎白肉鱼配蔬菜

Pesce

鱼类

# 煎白肉鱼配蔬菜

裹上面粉，用黄油煎好的鱼，香气浓郁，飘香四溢。黄油的甜香包裹住清淡的白肉鱼，做成味道浓郁的主菜，让您充分品尝到煎鱼的美味。

材料（2人份）

| 比目鱼切片* | 2小片 |
| 无盐黄油 | 15g |
| 色拉油 | 1大勺 |
| 盐、中筋面粉 | 适量 |

搭配
| 菜花 | 2瓣 |
| 四季豆 | 4个 |
| 红椒切成小块 | 5块 |
| 柠檬切片 | 1片 |
| 煮蔬菜用盐 | 热水重量的0.5% |
| （1L的水含5g盐） | |

※除比目鱼外，鲷鱼、鲈鱼、牛舌鱼等味道清淡的白肉鱼都可以。

【提前准备】
煮沸热水放盐，煮搭配的菜花、四季豆和红椒，沥干水分。

主厨有话说

煎鱼不需要胡椒的辛辣，只需用盐来调味。上面裹上足够的面粉，用力拍打，使其均匀覆盖上面粉。如果面粉不均匀，容易形成面疙瘩，这样大大地影响了食材的口感。煎鱼的关键在于把鱼翻面时关火，之后用余热煎另一面。翻面时放入黄油，用余热融化后覆盖整条鱼。这样黄油不会变焦，才能做成甜香美味的煎鱼。

适合搭配用酒
浓郁顺滑的白葡萄酒

**1**
比目鱼切片的两面都撒上盐和中筋面粉。双手拍下多余的面粉，均匀覆盖薄薄一层。

**2**
平底锅内放入色拉油，中火加热，油热后放入步骤1的鱼。油凉时放入，面粉会吸油变得黏稠。

**3**
等鱼肉边缘呈焦黄色时，翻面关火。

**4**
倒掉残留在锅内的油。

**5**
立刻把黄油放入锅内，用余热融化黄油，用勺子将冒泡的黄油舀起倒在鱼肉上，以渗透进黄油的香气。等反面也煎好后装盘。

**6**
还是用这个锅放入搭配的蔬菜，中火煎，放盐调味装盘。

# 旗鱼肉卷

所谓肉卷，就是用肉包住馅卷起。这次将切成细末的旗鱼肉用旗鱼片卷起来，充分品尝旗鱼的味道。用高温烤架烤过后，表面烤过的焦痕香气和湿润的生鱼肉的味道成就了这道顶级的美味佳肴。

**材料（2人份）**

旗鱼（切片）················· 250g

**填料**

旗鱼（切成1~2cm的小块）··· 100g
洋葱泥（→P11）··········· 15g
月桂叶····················· 1片
松子······················· 5g
葡萄干（切成粗块）········· 7g
刺山柑（用醋腌制、切成粗块）··· 5g
面包糠····················· 8g

**搭配**

西葫芦切片（厚约1cm）····· 4片
茄子切片（厚约1cm）··· 4片
水果萝卜切小块··········· 少量
柠檬切片················· 2片
百里香··················· 2个
纯橄榄油、特级初榨橄榄油、盐
······················ 适量

**【提前准备】**

松子用烤箱180℃烤5分钟（使用烤面包机时，烤5分钟左右，注意不要烤焦）。
烤架提前用大火加热。
搭配的西葫芦和茄子用烤架烤制（→P100）。

**美味窍门**

## 主厨有话说

旗鱼作为生鱼片吃也很美味。肉不要烤过，保留新鲜肉感，烤到松软即可。不过，如果作为填料时就要炒熟，不然味道出不来，要用力炒，让其完全炒熟。葡萄干和刺山柑的酸甜口感搭配松子的浓香，使其更加美味。

**适合搭配用酒**
酒体厚重、浓香醇郁的白葡萄酒

**1**

做配料。平底锅内放入纯橄榄油、旗鱼、洋葱泥和月桂叶，中火炒。旗鱼完全炒熟后倒入碗内，拿出月桂叶。

**5**

将步骤4的鱼片盖上保鲜膜，用肉锤拍打均匀，比之前大一圈即可。均匀延展开后更容易包裹，也能均匀地烤熟。

**2**

1用叉子捣碎，放入松子、葡萄干、刺山柑和面包糠。

**6**

在步骤5的肉上撒盐，把步骤3的填料攥成1茶勺大小的圆柱状，放到步骤5的肉片里卷起。

**3**

用橡皮刮刀把步骤2的材料拌匀。

**7**

为了不破开，插上2个牙签。撒盐，涂上纯橄榄油，用手指均匀涂抹。

**4**

旗鱼切成长约5cm、厚约1cm的四方形鱼片。

**8**

把步骤7的材料放到预热好的烤架上。中间改变方向，让其烤出格子状的焦痕，反面也如此烤制。和搭配的蔬菜一起装盘，撒上特级初榨橄榄油。

# Involtini di pesce spada
旗鱼肉卷

# 香烤金线鱼

鲜嫩多汁、肉质细腻的白肉鱼整条烤制，用蒜香浓郁的橄榄油、白葡萄酒和盐调味。鱼皮鲜香，鱼肉柔软，充分展现了白肉鱼的清淡口感，聚会时可以尝试一下。

材料（2人份）

金线鱼·························· 1条（约500g）
盐··········································· 5g
百里香※ ································ 5～6个
大蒜（带皮拍碎）····················· 1瓣
纯橄榄油······························· 3大勺
白葡萄酒···························· 80～100ml

※百里香也可以不塞进鱼肚，但放入后会增添香气。欧芹或者罗勒都可以塞进鱼肚。

【提前准备】
把金线鱼的鳃和内脏去掉，可以让鲜鱼店或者超市代为处理。用水洗干净，擦干水分。
烤箱预热180℃。

### 主厨有话说

烹调整条鱼时，不多放盐是不会入味的，所以无需担心放盐过多，放心涂抹即可。鱼肉很难渗进盐味，所以鱼肚也要抹盐！餐桌上也可放盐，如果味道不够可以自行加盐。另外，烹调到后来，放入白葡萄酒以防烤焦，也丰富了汤汁的味道，要注意汤汁是否美味。

适合搭配用酒
带有果味、浓郁顺滑的白葡萄酒

**1**
方盘内撒盐，放上金线鱼后开始抹盐。用力抹盐，鱼肚里侧也要抹上盐，最后塞满百里香。

**2**
把鱼放在耐热容器上，放入大蒜，撒上足够的橄榄油。

**3**
放入预热好的烤箱烤约20分钟，大蒜的表皮开始呈焦黄色，橄榄油开始冒泡，这样大蒜的味道就已经渗到油中了。

**4**
烤到步骤3的状态时倒入白葡萄酒，再放入烤箱烤约20分钟。把鱼分好装盘，倒入汤汁。

## 怎样分鱼更合适？

一整条鱼出现在餐桌上时，可以按照以下顺序漂亮地用刀将鱼分开。切完后，从脊柱上面入刀横切，将上面的肉取下来，然后切掉脊柱，取出下面的肉。

入刀顺序
①背部（从鱼头到尾鳍）
②腹部（从腹部的切口到尾鳍）
③腹部（从腹部的切口到鱼头）
④尾鳍根部
⑤鱼中间纵向
⑥鱼鳃盖旁纵向切

Nemipteroal forno

香烤金线鱼

**1**
绿鳍鱼的表面用力抹上盐，鱼肚里也抹上，用油纸包起。

**2**
油纸和绿鳍鱼紧紧贴在一起，用力卷成圆柱状。

**3**
长过鱼头的油纸由上往下折，然后用风筝线绕一圈系紧。

**4**
用线沿着鱼一直系到鱼尾，长过鱼尾的油纸上往下折。将线从鱼尾再返回绕圈系到鱼头，和最初的结打结系紧，固定。

**5**
把步骤4的鱼放入准备好的热水中，控制火候让其稍微沸腾（100℃）。盖上锅盖煮约15分钟。

**6**
用铁签插进鱼肉拔出，贴近嘴唇，能够感觉到热气就好了。撕掉油纸装盘，撒上特级初榨橄榄油，装饰上欧芹，倒入酱汁。

# 清蒸白肉鱼

bellavista是"美丽风景"的意思，烹调整条白肉鱼，保留原有形状，真像是一处美丽的风景。用纸卷起再煮不会流失味道，肉质也会更鲜嫩。趁热食用自不必说，做冷盘也很美味，正适合聚会以飨宾客。

材料（2人份）
绿鳍鱼* ……… 1条（约400g）
盐………………………………… 4g
特级初榨橄榄油………… 1大勺
装饰用欧芹…………………… 1个

※鲷鱼、鲈鱼、金线鱼和石鲈鱼等白肉鱼皆可。选择能整条放入锅内的大鱼。

【提前准备】
把绿鳍鱼的鳃和内脏取出，也可以让鲜鱼店或者超市代为处理。用水洗净，擦干水分。
按能把鱼缠3圈的大小裁油纸，左右留有比较大的空间。准备风筝线。
把装鱼的大盘子或者小锅倒满水煮沸。

**主厨有话说**

在意大利，将白肉鱼用粗盐包裹再烤的包盐烤法在聚会时非常常见。以前都是用漂白布包裹，要比油纸密封性更好，更能锁紧味道。用力包紧，即使稍微煮过一点，也不会蓬松。放凉后，鱼自身的胶质变得稳定，这样也很美味。

适合搭配用酒
带有果味、浓郁顺滑的白葡萄酒

清蒸调味的3种酱汁
带有欧芹的新鲜口感的绿色酱汁
## 青酱

材料和做法
干燥欧芹50g、刺山柑（用醋腌制）15g、面包糠10g、特级初榨橄榄油135ml、白葡萄酒醋1小勺、盐2g，全部材料放入食物搅拌机（或者多功能料理机）搅拌。

浓郁的香蒜凤尾鱼橄榄油酱汁
## 凤尾鱼酱

材料和做法
去皮捣烂的2瓣大蒜和150ml特级初榨橄榄油放入小锅，中火加热，等大蒜上色后关火。放入20g凤尾鱼泥自然融化。放凉后，用多功能料理机搅拌。

蛋香浓郁的酱汁
## 蛋黄酱（→P98）

# Gallinella in bellavista

清蒸白肉鱼

# Straccetti di manzo alla griglia

嫩煎牛肉

*Carne* 肉类

# 嫩煎牛肉

牛肉切薄片放在高温烤架上烤制，是一道能充分品尝到牛肉的松软和美味的菜品。只需用盐和胡椒来调味，所以更提升了牛肉本身的味道，入口满是牛肉香。

材料（2人份）
牛肉（烤肉用）※ ………… 6片（160g）
欧芹（切末）……………………适量
色拉油…………………………… 3大勺
特级初榨橄榄油……………………适量
盐、黑胡椒…………………………适量
搭配用芝麻菜、番茄（切成小块）、柠檬
（切片）……………………………适量

※牛肉选用里脊肉或者大腿肉，虽然是烤肉用的薄片，但是有一定的厚度更方便烤制。

【提前准备】
在烤肉前大火加热烤架。

### 主厨有话说

平底锅内放入色拉油，简单煎过两面即可。如果是黑牦牛肉，只需烤一面做成5分熟，这样肉质更加鲜美。在意大利经常食用的是小牛肉，如果能买到可以尝试一下。肉质松软，食用方便，所以在餐厅颇受孩子和老人的喜欢。

　适合搭配用酒
单宁味略淡、顺滑的红葡萄酒

**1**
牛肉用肉锤拍打5次左右，让其延展变薄。直接拍打或者用保鲜膜裹住再拍打皆可。有保鲜膜的话，能让其更均匀地延展开。

**2**
右边是延展之前的肉，左边是延展之后的肉。肉越薄越容易烤熟，肉质也会越嫩软。

**3**
牛肉两面撒上盐、胡椒和特级初榨橄榄油。碗内放入色拉油，油包裹住牛肉后，放在预热好的烤架上。

**4**
牛肉受热变色后，马上翻面再烤。装盘，撒上特级初榨橄榄油和欧芹，放上搭配蔬菜。

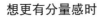

## 想更有分量感时

茄子和西葫芦切片烤制（→P100），烟熏斯卡莫扎奶酪（→P46）切薄片，搭配煎好的牛肉，像千层派一样夹在一起，撒上特级初榨橄榄油，放入烤箱烤制。口感丰富，让你百吃不厌。

**1**

鸡胸肉两面撒上盐和黑胡椒，只在带皮的那侧裹上中筋面粉。用力拍打，让多余的面粉掉落。

**4**

变成步骤3的状态后拿下盖子，用勺子舀起油倒在肉上，重复约10次，再盖上锅盖煎1~2分钟。用手指按一下，感觉变得有弹性时，关火。

**2**

平底锅内放入色拉油，大火加热，油热后将鸡肉带皮的那侧朝下放入。盖上锅盖，小火加热。

**5**

不盖锅盖，用余热煎2~3分钟。

**3**

煎7分钟左右，鸡肉边缘变白后，鸡皮煎出香味上色。

**6**

把肉取出，斜着切厚片，装盘，撒上盐和黑胡椒，用迷迭香装饰。搭配用的马铃薯泥放入裱花袋裱花。

# 香煎鸡胸肉

介绍一种用平底锅煎鸡胸肉时能将肉煎得鲜嫩松软的方法。带皮的那侧像煎饼一样酥脆，飘香四溢，从鸡皮中渗出的油脂更添食欲。

**材料（2人份）**

鸡胸肉※ ····················· 1片
色拉油 ························ 2大勺
盐、黑胡椒、中筋面粉、装饰用
迷迭香 ························ 适量
搭配用的马铃薯泥
马铃薯（带皮）··· 2个（300g）
肉蔻粉 ······················ 少量
无盐黄油 ····················· 20g
牛奶 ·························· 100ml
盐、黑胡椒 ·················· 适量
煮马铃薯用盐 ···热水重量的0.5%
（1L的水含5g盐）

※可替换为鸡腿肉或者猪里脊肉等。

【提前准备】
做搭配用的马铃薯泥。马铃薯带皮煮，趁热剥皮，用搅拌机打成泥。锅内放入黄油、肉蔻粉和打成泥的马铃薯，用橡皮刮刀拌匀。小火加热，在沸腾前一点点加入热好的牛奶。马铃薯和牛奶搅拌到顺滑就做好了，最后撒上盐和黑胡椒。

**美味窍门**

**主厨有话说**

想要将鸡胸肉煎得鲜嫩多汁有3个关键点。①带皮的那侧朝下，盖上锅盖煎。②舀起热油倒在鸡肉上。③最后关火，将肉的那侧朝下，用余热慢煎。只要认真做到这3点，既不会煎不熟，也不会煎得太老。如果肉偏厚，可以稍稍用肉锤拍打变薄，或者压上重石再煎。

**适合搭配用酒**
馥郁浓香的白葡萄酒、偏酸淡雅的红葡萄酒

# Petto di pollo in padella
香煎鸡胸肉

# 香烤里脊

香气浓郁的猪肉，烤制的过程中一点点渗入迷迭香的味道，做成松软的烤肉。烧烤汁富含浓郁的猪肉味道，可以代替酱汁使用。

## 材料（4～6人份）

| | |
|---|---|
| 猪里脊块※ | 1kg |
| 大蒜（带皮拍碎） | 1瓣 |
| 迷迭香 | 2个 |
| 色拉油 | 3大勺 |
| 白葡萄酒 | 110ml |
| 盐、黑胡椒 | 适量 |
| 埋入肉中的大蒜 | 1瓣 |
| 埋入肉中的迷迭香 | 3个 |
| 搭配用的烤马铃薯（→P110） | 适量 |

※猪里脊带着油脂直接烹调。油脂可以避免烤得太过，又能一点点融入肉中，让肉质更鲜美。使用肩里脊肉时，肉太厚不容易熟，所以要比里脊肉烤时间更长。脂肪越多，肉融入油脂的味道就越多，也越美味。

【提前准备】
猪里脊肉从冰箱拿出后静置30分钟。
烤箱预热180℃。
1瓣大蒜切成6等份，迷迭香切成2cm长。

### 主厨有话说

在意大利，将1大块猪里脊肉直接烤制叫做arista（芒刺），在餐厅也是常见的菜品。香草可以使用迷迭香，也可以用百里香。趁热或者放凉后吃都很美味，放凉后可以当作火腿使用。放入沙拉，更是给美味锦上添花。

适合搭配用酒
酒体厚重的白葡萄酒、口感较好且中度酒体的红葡萄酒

**1**
在猪肉的皮脂上用刀插约1mm深的洞，等间距插6～8个洞。

**2**
手指插入洞里弄大，然后埋上大蒜，插上迷迭香。整体撒上大量的盐和黑胡椒。

**3**
耐热容器里放入步骤2的猪肉，放入大蒜和迷迭香，倒上色拉油，放入预热好的烤箱烤40分钟。

**4**
油脂表面变成焦黄色，如果容器底部还有剩余的肉汁，将其用木铲舀起和油混合。

**5**
烤到步骤4的状态后，倒上白葡萄酒，再放入烤箱烤约20分钟。

**6**
在肉的中心用牙签插洞，嘴唇贴近感受温度，能感受到热气就做好了。切成1cm厚的薄片装盘，倒上烧烤汁，放上烤马铃薯。

Arista

香烤里脊

# 意式杂烩肉

杂烩肉就是煮肉的意思。蔬菜搭配肉类一起煮，煮出它们的精华，多层次的味道正是杂烩肉的魅力所在。而且保持稍微沸腾的状态来煮肉，能更加鲜嫩，且肉不会煮老，让大家一起享受美味的肉吧。

材料（2人份）

牛五花肉块······························ 300g
鸡腿肉·································· 1个
生香肠[1]······················· 1个（150g）
胡萝卜································ 1/2个
洋葱·································· 1/2个
芹菜[2]······························· 1/2根
月桂叶································ 1片
盐·································· 15g

※1 生香肠可以用已经加热的香肠代替。
※2 芹菜去掉叶子只用茎部，这样装盘更赏心悦目。如果想把胡萝卜、洋葱和芹菜也端上餐桌，可以切成小块，这样更美观。
调料可根据喜好选择蛋黄酱（→P98）、青酱（→P144）、盐、黑胡椒和芥末酱等。

### 主厨有话说

把肉放入沸腾的热水中让肉的表面变紧，小火慢慢煮。用凉水煮，味道就会随着汤汁流失，肉也会变老。另外，前一天做好，如果肉和汤汁分开在冰箱保存。如果肉和汤汁提前混合，煮出的肉香也会流失。第二天去掉汤汁表面凝固的油脂，重新加热后味道更清爽。

适合搭配用酒
带有果味的红葡萄酒、酒体稍重的白葡萄酒

**1**
大锅内放入4L水，放入胡萝卜、洋葱、芹菜、月桂叶和盐，大火加热。

**2**
沸腾后，放入牛五花肉、鸡腿肉和生香肠。

**3**
再次沸腾后，转小火，撇出浮沫。

**4**
控制火候，保持有三四处冒泡的状态煮2个小时。煮好后把肉装盘，汤汁过滤后放盐调味，倒入汤盘中。

## 西口主厨的生香肠做法

材料（约12根）

猪肩肉（红肉和白肉的比例是4∶1）
·································· 1.23kg
蛋清·································· 60g
淡奶油································ 200g
盐·································· 15g
黑胡椒································ 适量
肠衣（用盐腌制、用水洗净）···适量

做法

**1** 猪肩肉切成小片，用食物料理机或者搅拌机打成泥。
**2** 碗内放入步骤1的材料，放入盐、黑胡椒、蛋清和淡奶油，用手揉合。盖上保鲜膜，冷藏1晚。
**3** 塞进肠衣，每隔约20cm左右拧紧分开。

## 生香肠是什么？

生香肠就是产于意大利的生的香肠。在意大利的餐厅里多是手工制作，在销售肉类的食材店里也有。可以直接煎后食用，也可以放入炖菜（猪头肉和蔬菜炖汤）中。另外，把中间的肉取出塞上意大利面或者搭配烩饭，也可以放入博洛尼亚肉酱后成肉丸子，煎或煮都可以。

# Bollito misto
意式杂烩肉

**1**
把肉馅的材料全部放入碗中。

**4**
从前侧开始卷，折起左右两边，再卷一下。

**2**
用手用力揉合，和汉堡肉饼的做法一样，揉到有黏性，全部均匀混合为止。

**5**
切掉剩下的甘蓝叶（切掉的部分不在这道菜中使用）。耐热容器涂上1大勺纯橄榄油，放入摆好。

**3**
将煮好的甘蓝展开，撒上盐和胡椒粉。把步骤2的肉馅攒成乒乓球大小（约20g），放在甘蓝前侧。

**6**
倒上特级初榨橄榄油和高汤。盖上油纸，放入预热好的烤箱蒸煮40分钟，再把烤箱调到100℃烤10分钟。装盘，撒上欧芹。

# 皱叶甘蓝包肉馅

用高汤慢慢煮制的迷你甘蓝。皱叶甘蓝渗出的汤汁和肉汁融合成美味，有着甘蓝的甘甜和香气的一道肉菜。

**材料（8人份）**

皱叶甘蓝※ …… 10片（约600g）
肉馅
| 绞肉 …………………… | 500g |
| 面包糠 ………………… | 60g |
| 淡奶油 ………………… | 80ml |
| 鸡蛋 …………………… | 1个 |
| 盐 ……………………… | 4g |
| 肉蔻粉 ………………… | 少量 |

高汤 ………………………… 300ml
纯橄榄油 …………………… 1大勺
特级初榨橄榄油 ………… 2大勺
盐、黑胡椒、装饰用欧芹… 适量
煮蔬菜用盐 …… 热水重量的0.5%
（1L的水含5g盐）

※皱叶甘蓝就是叶子皱起的甘蓝，在意大利北部经常食用。比一般的甘蓝更柔软，更甜，更有味道，买不到时可以用普通甘蓝代替。

**【提前准备】**
甘蓝对半切，煮一下，用布擦干水分，再对半切，这样更容易卷。
烤箱预热180℃。

**美味窍门**

**主厨有话说**

甘蓝做成一口大小，这样正好能保持甘蓝和肉馅的平衡，也更能品尝到肉汁的鲜美。另外，肉馅内放入淡奶油或者鸡蛋，既湿润又出味。在意大利一般用小牛肉来做，您也可以用绞肉或者牛肉馅。想煮得更加浓香，放入番茄即可。

适合搭配用酒
轻柔的红葡萄酒

# Rambasici

皱叶甘蓝包肉馅

# 葡萄酒炖牛肉

葡萄酒炖牛肉，柔软到只需用叉子就能轻易地切开。用作腌汁的葡萄酒的香气和浓缩的番茄酱的香气渗进牛肉后更加美味。招待客人时请尝试一下。

材料（8人份）

五花牛肉块······················ 1kg
腌汁
｜洋葱（切成3cm的小块）
｜ ······················ 1个（300g）
｜胡萝卜（切成3cm的小块）
｜ ······················ 1/2根（80g）
｜芹菜（切成3cm的小块）
｜ ······················ 1/2根（80g）
｜月桂叶 ······················ 1片
｜丁香 ······················ 3个
｜杜松子 ······················ 8粒
｜红葡萄酒 ······················ 800ml
番茄酱······················ 120g
高汤（→P174） ··········· 1.8L
色拉油、盐、黑胡椒、中筋面粉、装饰用细叶芹、搭配用玉米糊（→P128） ············ 适量

**美味窍门**

### 主厨有话说

炖肉有两种方法，大块肉直接炖和切成小块再炖。切块的肉能更好地和酱汁融合，味道更好，这种红葡萄酒炖大块肉的做法，能让肉更好地入味。把汤汁作为酱汁浇上，入口满是肉香。

适合搭配用酒
馥郁浓香的红葡萄酒

**1**
牛肉和腌汁的材料全都放入碗内，腌制1天1夜。

**5**
倒入和煮干的汤汁一样多的高汤拌匀。

**2**
取出牛肉，擦干水分，两面撒盐和胡椒粉，裹上薄薄一层中筋面粉。平底锅内放入色拉油，中火加热，油热后放上牛肉。

**6**
放入番茄酱，轻轻搅拌融化。盖上锅盖煮约2个半小时。如果期间汤汁煮干可以放入适量的高汤。

**3**
牛肉下面煎香后，翻面继续煎，表面煎熟。

**7**
牛肉煮到柔软。肉放凉后取出，切成1人份。汤汁放入碗内，室温下放置2个小时。

**4**
牛肉放入锅内，放入步骤1的腌汁后大火加热。沸腾后转小火，撇掉浮沫。保持稍微沸腾的状态，煮20分钟左右，把汤汁煮干一半，去除红葡萄酒的酸味。

**8**
撇去浮在汤汁表面的浮沫。取出月桂叶、丁香和杜松子，用搅拌机打至顺滑。和牛肉一起用锅加热，盘子上先放上玉米糊，再放上牛肉。

# Manzo brasato al vino rosso

葡萄酒炖牛肉

# 西口主厨告诉你如何更好地享受意餐

## 料理和葡萄酒的搭配方法

美味的料理就要搭配美味的葡萄酒。两者搭配合适，更能衬托出彼此的风味，也让餐桌更加丰盛。不过，葡萄酒种类繁多，选择起来也有颇多困惑。非常熟悉VOLO COSI料理的侍酒师远藤贤太郎先生将给大家介绍选酒的诀窍。

## 选酒的 3个要点

### 搭配味道的强弱和颜色的浓淡

根据菜品味道的浓淡和复杂程度来选择搭配的葡萄酒类型。清爽的蔬菜搭配清淡的白葡萄酒，浓郁的肉类搭配厚重的红葡萄酒。另外，可以选择和菜品同色的葡萄酒。类似牛肉颜色浓重的料理，就选择颜色厚重的红葡萄酒。

# 2

### 选择同一产地的葡萄酒 1

意餐中的招牌菜一般都是地道的传统料理。选酒的第一步就是搭配同一产地的葡萄酒。在源远流长的历史中，品尝葡萄酒和烹调料理一直在周而复始的进行着，也就诞生了与葡萄酒相配的料理。

### 平衡搭配

最后一点略微抽象，即选择葡萄酒来补充菜品缺少的味道，入口后达到最佳平衡，菜品会更加美味。比如，油脂较多的菜品搭配偏酸的葡萄酒，水分较多的菜品搭配酒精度数高的葡萄酒。

# 3

### ●主要料理和产地

青酱扁面（P40）
意大利北部的热那亚

博洛尼亚干面（P62）
意大利北部的博洛尼亚

香辣番茄笔尖面（P22）
意大利中部的罗马

什锦海鲜意面（P26）
意大利南部的那不勒斯

西西里烩菜（P102）
意大利南部的西西里岛

# 第四章

# 餐后的甜点

这里为大家准备了适合结束用餐的华丽美味的顶级甜点。所介绍的都是主厨们的巧妙创意，让食客百吃不厌的精品甜点。如把甜点的招牌菜提拉米苏稍加创新，搭配草莓做出味道丰富、清爽的口感。在聚会等大家聚集的宴席上端出这样的甜点，一定会让众位宾客眼前一亮。口感松软香甜，让大家吃得心满意足、绽放笑颜吧。

# 草莓
# 提拉米苏

原本的提拉米苏咖啡改良成了草莓口味，草莓的清爽、酸甜口感，让厚重的马斯卡彭奶酪糊也变得清爽。清爽柔和的口感给用餐画下了个完美的句号。

材料（11～12人份）

马斯卡彭奶酪糊

| | |
|---|---|
| 马斯卡彭奶酪 | 250g |
| 蛋黄 | 2个 |
| 细砂糖 | 70g |
| 蛋清 | 2个 |

手指饼干[※1] ·········· 20个
草莓（切成小块）··· 8个（80g）

草莓酱[※2]

| | |
|---|---|
| 草莓 | 20个（200g） |
| 细砂糖 | 40g |
| 柠檬汁 | 2小勺 |

糖粉··········· 适量

※1 选用意大利版的手指饼干，对半折断后再用。

※2 把100g草莓果泥和约35ml的水、细砂糖（根据草莓果泥的酸度酌情加减用糖量）放入锅内，煮沸融化细砂糖，放凉后和柠檬汁混合。用市面销售的草莓也可以。

【提前准备】
给马斯卡彭奶酪开封时，要擦去附在表面的水分。
草莓酱的材料用搅拌机打成泥，放入碗内。

## 主厨有话说

蛋清霜容易油水分离，打发的时间无需过长，和蛋黄混合即可。提前冷藏不容易分离，做蛋黄糊期间可放入冰箱冷藏。打发蛋黄，推荐使用直径约16cm、口径小且略深的碗。一点点放入细砂糖更容易打发。完成后放置3个小时以上，使味道更融合，更美味。

适合搭配用酒
略带红色的甜白葡萄酒（略有气泡的布拉凯多酒）

**1**
碗内放入蛋清，一点点放入20g细砂糖，用打蛋器打发做蛋清霜。提起打蛋器时有小角立起且不弯曲即可。

**2**
在另一个碗内放入蛋黄，将剩下的细砂糖用大勺分3次放入，用打蛋器打发。打至缎带状慢慢滑落但不会立刻融入蛋黄糊即可。

**3**
在步骤2的蛋黄糊内放入1/4的马斯卡彭奶酪，用打蛋器搅拌。剩下的马斯卡彭奶酪也等量放入搅拌，打至顺滑。

**4**
换用橡皮刮刀。舀起步骤1的蛋清霜的1/4，放入步骤3的材料里面，切拌混合，不要消泡。

**5**
剩下的蛋清霜也等量放入拌匀，做成柔软的马斯卡彭奶酪糊。

**6**
取1个手指饼干放入草莓酱浸泡入味。

**7**
把步骤6的手指饼干放入玻璃容器底部，倒上步骤5马斯卡彭奶酪糊。草莓切成4小块，混入草莓酱里，倒在奶酪酱上。

**8**
重复6、7的步骤，盖上3层奶酪糊。盖上保鲜膜，放入冰箱冷藏3个小时，食用前倒上草莓酱，撒上糖粉。

# Tiramisu alle fragole
草莓提拉米苏

# Semifreddo alla banana

香蕉冰淇淋蛋糕

# Semifreddo al croccantino

杏仁冰淇淋蛋糕

# 香蕉和杏仁冰淇淋蛋糕

冰淇淋蛋糕是以打发的淡奶油为底，放入冰箱冷冻凝固而成的简单甜点。建议将放入香甜香蕉的香蕉冰淇淋蛋糕和放入浓香酥脆的焦糖杏仁的杏仁冰淇淋蛋糕互相搭配装盘。

## 杏仁冰淇淋蛋糕

材料（2个陶盘大小）

杏仁（切片）····················· 75g
细砂糖·························· 180g
意式蛋白霜
   ┌ 蛋清··········· 4个（约120g）
   │ 糖浆
   │  ┌ 细砂糖··············· 140g
   └  └ 水···················· 60ml
淡奶油（乳脂含量35%）·········· 500ml
阿玛雷托（利口酒）※················ 10ml

※阿玛雷托是产于意大利的杏仁口味的利口酒。可选用自己喜欢的利口酒代替，不放也可以。

【提前准备】
杏仁片摊在烤盘上，放入160℃的烤箱烤14分钟。中间搅拌1次，让其均匀加热。从烤箱取出，薄薄摊在方盘里。

**1** 平底锅内放入冰淇淋蛋糕用的细砂糖，平摊开，中火加热。等周边开始融化时，转小火，边晃动平底锅边让全部融化。

**2** 边晃动平底锅，边不时离火降低温度。让其均匀呈焦黄色，不要有焦黑的地方。

**3** 杏仁片平摊在方盘内，将步骤2的焦糖趁热倒入。

**4** 室温下放置晾凉。30分钟左右凝固，从方盘可以轻易地取出来。

**5** 用手把步骤4的材料掰开，放入食物料理机打碎。分几次打成粉末状，且混有5mm左右的碎片。

**6** 小锅内倒入糖浆用的水和细砂糖，中火加热。1分钟左右开始沸腾，蛋清放入碗内，用打蛋器充分打发，打到能立起直角。

**7**
用叉子捞起糖浆，吹气，煮到能吹出类似肥皂泡一样的气泡。

**8**
边用打蛋器打发步骤6的蛋清霜，边趁热倒入步骤7的糖浆。糖浆会让蛋清霜变热，碗底可以放入冰水冷却。

**9**
另一个碗内放入淡奶油，用打蛋器打到六分发。提起打蛋器时能缓缓落下，落下的淡奶油能立刻融入淡奶油中。

**10**
在步骤9的淡奶油内放入阿玛雷托，轻轻搅匀，放入步骤5的焦糖杏仁。阿玛雷托容易沉底，所以要用橡皮刮刀从底部翻搅着拌匀。

**11**
用橡皮刮刀舀起步骤8的蛋清霜的1/3，放入步骤10的材料中迅速拌匀。剩下的蛋清霜分2次放入拌匀。这时，蛋清霜还残留些疙瘩就完成了。

**12**
方盘铺上保鲜膜，倒入步骤11的材料，表面凝固后盖上保鲜膜。放入冰箱冷冻6个小时以上。

## 香蕉冰淇淋蛋糕

材料（4个陶盘大小）
香蕉冰淇淋蛋糕

| 香蕉（蒸熟）※ ·················· 3个（550g） |
| 细砂糖 ····························· 230g |
| 柠檬汁 ····························· 少量 |
| 淡奶油（乳脂含量35%） ··············325ml |

装饰用香蕉（切片）、薄荷、糖粉····· 适量
※可以用草莓或者覆盆子代替香蕉。

**1** 香蕉切成合适大小，和200g细砂糖一起用食物料理机打成泥。最后放入柠檬汁混合，倒入碗内。

**2** 在另一个碗内放入淡奶油和剩下的30g细砂糖，打至八分发，有小角立起。放入步骤1的材料，用橡皮刮刀切拌均匀。

**3** 倒入铺好保鲜膜的陶盘，表面凝固后盖上保鲜膜，放在冰箱冷冻6个小时以上。

● 装盘
杏仁和香蕉冰淇淋蛋糕切成小块装盘。杏仁冰淇淋蛋糕撒上步骤5做好的焦糖杏仁粉末、香蕉切片，装饰上薄荷，全都撒上糖粉。

### 主厨有话说

香蕉冰淇淋蛋糕只需搅拌混合凝固，做法非常简单，一定要尝试一下。在意大利，人们讨厌用刀切东西碰到盘子所发出的声音，所以打发淡奶油或者蛋清霜时，一定要慢慢打发，打发到柔软为止。提前一天冷冻会更加入味，建议前一天做好备用。

适合搭配用酒
带有热带气息的甜葡萄酒

# Gelato al caffè

## 咖啡冰淇淋

材料（小咖啡杯8个）

| | |
|---|---|
| 蛋黄 | 4个 |
| 细砂糖 | 90g |
| 淡奶油（乳脂含量35%） | 500ml |
| 速溶咖啡粉 | 7小匙 |
| 白兰地※ | 50ml |
| 装饰用咖啡豆、甜巧克力、薄荷 | 适量 |

※也可以用白兰地代替热水来溶解速溶咖啡粉。

1 速溶咖啡粉倒入白兰地，搅拌溶解。

2 碗内放入蛋黄，分3次放入细砂糖，用打蛋器用力打发（参照→P160的步骤2）。倒入步骤1的咖啡液继续打发。

3 另一个碗内放入淡奶油，用打蛋器打至八分发。用橡皮刮刀舀起步骤2的材料的1/3的量放入。切拌均匀，剩下的分2次放入混合。

4 倒入小咖啡杯，放冰箱冷冻3个小时以上，使其凝固。

5 切碎巧克力放入碗内，隔水加热融化。放入沾满巧克力的咖啡豆，放在铝箔上自然风干。用薄荷装饰。

# 咖啡冰淇淋

将普通的速溶咖啡稍微改良一下就能变成风味独特、细腻顺滑的意式冰淇淋。

**主厨有话说**

这份菜谱除了做成咖啡味道之外，还能做成多种味道。取出香草籽的香草豆荚做成的香草口味，柠檬或者橙皮磨碎做成清爽的柑橘口味，或者放入做冰淇淋蛋糕时使用的焦糖杏仁粉做成的焦糖口味。这些材料，请在倒入咖啡液的时候一块放入。

适合搭配用酒
顺滑的甜葡萄酒

# 水果沙拉

用丰富的水果做成清新爽口的水果宾治。入口满是水果的香甜，能感受到幸福的味道。

**主厨有话说**

水果沙拉使用能迅速融入水果中的糖粉。窍门就是将水果切成差不多大小，不仅食用方便，也会更美味。放入少量白葡萄酒、普罗塞柯起泡酒等酒类来增加味道，再放上柠檬雪酪，会更加美味。

适合搭配用酒
清淡的甜葡萄酒

材料（2人份）

草莓……………4个（50g）
苹果…………1/4个（70g）
香蕉…………1/2根（90g）
葡萄柚………1/2个（180g）
橙子…………1/2个（120g）
柠檬汁………………1/2大勺
柠檬皮（切末）………少量
糖粉………………………4g
薄荷………………………适量

※也可使用菠萝、洋梨、猕猴桃、浆果类和橙皮，在意大利经常放上薄荷叶提香。

【提前准备】
草莓去蒂，苹果和香蕉去皮。

1 草莓、苹果和香蕉切成约1cm的小块。

2 葡萄柚和橙子用刀切掉上下的皮，侧面也用刀切下。然后入刀切瓣取出果肉，切成2～3等份。

3 将步骤2还剩下的少量果肉用手挤压榨出果汁。

4 步骤1～3的果肉和果汁放入碗内，倒入柠檬汁，撒上柠檬皮和糖粉。盛入玻璃杯，薄荷装饰。

*Macedonia di frutta*
水果沙拉

# Granita al limone
柠檬沙冰

# Granita all'arancia
橙子沙冰

## 柠檬与橙子沙冰

沙冰爽口的口感，入口即化，餐后享用美味的意大利版雪酪。入口满是水果的清香。

美味窍门

**主厨有话说**

在众多水果沙冰中，柠檬和血橙沙冰最具有意大利风味。可以根据自己喜欢的口味，选择其他果汁来做沙冰。水果沙冰本来就是口感很棒的刨冰，喜欢顺滑口感的人可以增加搅拌次数。另外，提前放入冰箱冷冻的话，会坚硬的无法用打蛋器搅拌。这时，可以会用电动搅拌器搅拌。

适合搭配用酒
清淡的甜葡萄酒

**材料（10人份）**

柠檬沙冰

| | |
|---|---|
| 柠檬果泥（冷冻）※ | 260g |
| 细砂糖 | 250g |
| 柠檬汁 | 1/2大勺 |
| 水 | 450ml |

橙子沙冰

| | |
|---|---|
| 血橙汁（冷冻）※ | 600g |
| 细砂糖 | 130g |
| 柠檬汁 | 1/2大勺 |
| 水 | 100ml |

※柠檬果泥是法国Boiron Freres公司的产品，血橙汁是意大利Oranfrizer公司的产品，市面上销售的各种果汁都可以用这个菜谱。

【提前准备】
柠檬果泥和血橙汁放入冰箱冷藏半天。

### 柠檬沙冰

1 小锅内放入水、细砂糖，中火加热。搅拌后加热，融化细砂糖，锅底放入冰水冷却。

2 柠檬果泥放入碗内，混合步骤1的材料，放入柠檬汁。盖上保鲜膜，放入冰箱冷冻。

3 约2个小时后，1/4开始凝固，用打蛋器搅拌至均匀顺滑，再次放入冰箱冷冻凝固，之后每小时混合2次。最后放入冰箱冷冻。

### 血橙沙冰

和柠檬沙冰做法相同。

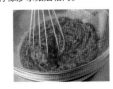

装饰用焦糖卷

平底锅内放入相同重量的细砂糖和水，加热后制作焦糖（→P163的步骤1~2）。平底锅放在凉毛巾上放凉，趁焦糖柔软时，用勺子舀起，用薄薄涂上色拉油的筷子卷成螺旋状。冷却凝固，取下筷子。

**1**
碗内放入软化的黄油和细砂糖，用打蛋器搅匀。搅拌到细砂糖和黄油完全混合，看不到白色颗粒为止。

**2**
放入蛋黄，换用橡皮刮刀继续搅拌，搅成均匀的黄色。

**3**
放入1/3的淡奶油，搅拌到完全混合。

**4**
放入1/3的栗子粉，继续搅匀。

**5**
剩下的淡奶油和栗子粉，各自先取一半交替放入，然后放另一半继续搅匀。

**6**
把材料倒入准备好的模具中。烤制时材料会自然延开，所以无需整平。在150℃的烤箱中烤30分钟。

# 栗子塔

用栗子粉做成口感类似奶油蛋糕的甜点，内部松软湿润，十分美味。只需搅拌烤制即可，做法简单。栗子粉没有黏性，所以用力搅拌也没有问题。

※1 栗子粉用的是意大利Malerba公司的产品，无需过筛。

材料（直径约7cm，16个）
栗子粉※1 …………………… 200g
无盐黄油…………………… 200g
细砂糖……………………… 200g
蛋黄………………………… 4个
淡奶油（乳脂含量35%）… 240ml
涂在模具上的黄油、中筋面粉
…………………………… 适量

【提前准备】
给马斯卡彭奶酪开封时，要擦去附在表面的水分。
草莓酱的材料用搅拌机打成泥，放入碗内。
黄油在室温下软化成泥状。
模具内侧涂上薄薄一层黄油，抹上中筋面粉。
烤箱预热到150℃。
●烤好后
放凉，趁没有完全凉透时倒扣模具，让栗子塔自然脱模。完全凉透后涂在模具上的黄油也会凝固，就很难脱模了。

**主厨有话说**
栗子粉无需过筛。就算多少残留一些疙瘩，入口时也能感受到栗子香，会更加美味。栗子粉没有黏性，不会像面粉一样出筋，所以可以用力搅拌。淡奶油被一次全部放入时容易油水分离，可以和栗子粉交替分3次混合。

 适合搭配用酒
浓郁醇香的甜葡萄酒

## 搭配

材料

栗子冰淇淋（方便做的量）

栗子泥[※2] ·················250g

牛奶 ···················260ml

细砂糖 ···················37g

淡奶油（乳脂含量35%）

··························75ml

焦糖酱

细砂糖 ···················100g

淡奶油（乳脂含量35%）

··························100ml

牛奶 ····················65ml

栗子奶油酱巧克力杯

（→P171）、薄荷 ·····适量

※2 栗子泥用法国Sabaton公司的产品。

## 栗子冰淇淋的做法

1 栗子泥、牛奶和细砂糖放入锅内，小火加热。边搅拌边让栗子泥融化。

2 搅成泥状后离火，锅底放冰水冷却。

3 栗子泥里放入淡奶油混合，放入冰淇淋机做成冰淇淋，也可以倒入容器后放入冰箱冷冻6个小时以上。

## 焦糖酱的做法

1 深锅内倒入淡奶油和牛奶，中火加热，沸腾后关火。

2 另一个锅内放入细砂糖，中火加热，晃动锅使砂糖变成焦黄色，做成焦糖。

3 将步骤1的淡奶油用小火加热。放入步骤2的焦糖酱，用橡皮刮刀搅拌。将锅边的焦糖酱抹净，离火，放凉后倒入容器。

装盘

盘子里放上栗子塔，再放上栗子冰淇淋，最后撒上焦糖酱。用装满栗子奶油酱的巧克力杯和薄荷装饰。

# Torta di castagne
栗子塔

栗子奶油酱巧克力杯

杏仁脆饼

红葡萄果冻

Piccola pasticceria
各色甜点

# 各色甜点

尽情享用味道、口感各有不同的多种甜点。

香脆的焦糖脆饼、酸甜清爽的果冻以及用完全可以食用的巧克力做成的装满栗子奶油酱的巧克力杯。

## 杏仁脆饼

材料（方便制作的量，40块）

| | |
|---|---|
| 杏仁片※ | 100g |
| 细砂糖 | 80g |
| 无盐黄油 | 14g |

※可以用松子或者榛仁碎代替杏仁片，也很美味。

**主厨有话说**

冷藏巧克力做的杯子要比冷冻凝固得更快更漂亮，也不容易融化。不过，夏天容易融化，建议尽快食用。

适合搭配用酒
清爽的甜葡萄酒

**1**
锅内放入黄油、杏仁片和细砂糖，中火加热，用木铲搅拌。周边上色后，将锅离火炒，以免炒焦。

**2**
约10分钟后，细砂糖变成焦糖，呈焦黄色，炒出香气。

**3**
案板铺上油纸，将步骤2的焦糖杏仁取出，用刀背压平。

**4**
用两把刀夹住两边，另外两边也同样夹住，重复交叉进行，并从上面用刀压平中间，使其成均匀厚度的长方形。

**5**
整形成厚约1cm的长方形。太薄的话杏仁片容易碎裂。

**6**
趁焦糖酱还软的时候，切成1cm的长方形，最初从长方形的中间开始切，两边切容易切碎。室温下放凉凝固。

## 栗子奶油酱巧克力杯

材料（直径约2cm的杯子20个）

甜巧克力（可可脂含量58%）·············· 100g
栗子奶油酱
| 栗子泥（→P169）·············· 170g
| 朗姆酒 ································· 20g
| 淡奶油（乳脂含量35%）········· 100ml
| 糖粉 ································ 适量

【提前准备】
准备纸托（硅油纸4号、深口）20个、细毛刷（约1.5cm宽）、裱花袋和星形裱花嘴。

1 甜巧克力切成小块，放入碗内，边用细毛刷搅拌边隔水加热融化。

2 左手的手指蘸上水，紧紧地抓住纸托的外侧。用毛刷刷上厚厚一层步骤1的巧克力，纸托内侧也要刷上。刷得厚一点会更均匀，纸托槽里也要刷上。

3 放入冰箱冷冻1天。凝固后，巧克力杯就能从纸托里自然脱落。

4 栗子泥和朗姆酒倒入碗内，用橡皮刮刀搅拌柔软。

5 淡奶油放入另一个碗内，碗底放冰水，充分打发淡奶油。

6 边搅拌边往步骤5的碗里一点点放入步骤4的材料。最后尝一下甜度，如果不甜可以放入糖粉拌匀。

7 星形花嘴和裱花袋组装好，倒入步骤6的材料，挤到步骤3凝固的巧克力杯中，自然地从纸杯中取出装盘。

## 红葡萄果冻

材料（边长1～1.5cm的50块）

红葡萄汁※ ····································· 250ml
细砂糖····································· 50g
吉利丁片···································· 8g
柠檬汁······································· 5ml

※红葡萄汁用的是康科德葡萄。用柠檬、血橙和杏的果汁或者百香果果泥也很美味。不过，果汁的种类或品牌不同，甜度也有差别，要适当调整细砂糖用量。

【提前准备】
做之前将吉利丁片放入凉水中浸泡2分钟左右。

1 小锅内放入红葡萄汁和细砂糖，中火加热到沸腾，融化细砂糖。

2 细砂糖融化后关火，将变软的吉利丁片沥干水分，搅拌融化。融化后放入碗内放凉。

3 果冻液放凉后加入柠檬汁拌匀，倒入方盘内，放入冰箱冷藏1个小时以上。

4 切成1～1.5cm的小块。

# 西口主厨告诉你如何更好地享受意餐

## 享用咖啡

餐后一杯浓缩咖啡，早晨一杯代替早餐的卡布奇诺。对意大利人来说，咖啡是用餐必不可少的饮品。但是，也有不少人并不了解咖啡的饮用方法，比如，卡布奇诺是一种含有大量牛奶的浓郁饮品，餐后饮用对意大利人来说绝对行不通的，所以在当地要多多注意。现在就来了解一下咖啡的主要种类，一起走进咖啡的世界吧。

### 从前方开始顺时针

浓缩咖啡、淡咖啡、玛奇朵咖啡、卡布奇诺。

### ●意大利咖啡的主要种类

**浓缩咖啡** *Espresso*
在意大利酒吧最受欢迎的咖啡。意大利人喜欢往里面放入大量的砂糖，变甜后饮用。

**玛奇朵咖啡** *Caffè Macchiato*
在浓缩咖啡中放入少量的牛奶。当然，可以放入温热的奶泡，也可以倒入冰凉的牛奶。

**卡布奇诺** *Cappuccino*
在意大利颇受喜爱的一种咖啡。在浓缩咖啡上面，放入大量打发后的牛奶。

**拿铁咖啡** *Caffè Latte*
加热浓缩咖啡，放入牛奶。经常和它混淆的法国牛奶咖啡，是由比浓缩咖啡味道淡的咖啡放入牛奶制成。

**淡咖啡** *Caffè Lungo*
咖啡的萃取时间更长，比浓缩咖啡味道要淡。

# 西口主厨告诉你如何更好地享受意餐

## 掌握地道的高汤做法

高汤，就是意大利人用来调味的汤汁。根据使用的食材不同，分为肉汤、鱼汤等。这次，介绍一种能搭配各种料理的万能鸡架高汤。虽然也可以用市面上销售的高汤块代替，但手工做的高汤风味更独特。

在意大利，高汤一定要清澈，不仅味道浓郁，而且清澈透明。我们追求的是鸡的纯粹味道，所以要去除浮沫和油脂。

材料（方便做的量）

鸡架 …………………………………………………… 1kg
洋葱※ ………………………………………… 1/2个（100g）
胡萝卜※ ……………………………………… 1/4根（30g）
芹菜※ ………………………………………… 1/4根（30g）
月桂叶 …………………………………………………… 1片
水 …………………………………………………… 3.5L

※煮过的蔬菜可以食用，可以做成剩余蔬菜蛋饼（→P103）。

**1**
碗内倒入水，一边用流水洗净，一边用手认真去除鸡架上的内脏和油脂等杂质。

**2**
大锅内放入鸡架、洋葱、胡萝卜、芹菜、月桂叶和水，点火沸腾。

**3**
用汤勺撇去浮在表面的浮沫和油脂。小火煮2~3个小时，保持稍微沸腾的状态。

**4**
冰箱冷藏1晚。除掉凝固在表面的油脂，高汤就做好了。

## 图书在版编目（ＣＩＰ）数据

自制美味意大利餐92款 / (日) 西口大辅著 ; 周小
燕译. -- 北京 : 中国民族摄影艺术出版社, 2014.10
　ISBN 978-7-5122-0624-3

　Ⅰ. ①自… Ⅱ. ①西… ②周… Ⅲ. ①菜谱 – 意大利
Ⅳ. ①TS972.185.46

中国版本图书馆CIP数据核字(2014)第229025号

TITLE：［本当においしく作れる　イタリアン］
BY：［西口 大辅］
Copyright © Daisuke Nishiguchi 2012 Photo by Eiichi Takahashi & Masahiko Takeda
Original Japanese language edition published in 2012 by Sekai Bunka Publishing Inc.
All rights reserved. No part of this book may be reproduced in any form without the written permissi
of the publisher.
Chinese in Simplified character only translation rights arranged with Sekai Bunka Publishing Inc.
Tokyo through Nippon Shuppan Hanbai Inc.

本书由日本株式会社世界文化社授权北京书中缘图书有限公司出品并由中国民族摄影艺术
版社在中国范围内独家出版中文简体字版本。
著作权合同登记号：01-2014-6425

**策划制作**：北京书锦缘咨询有限公司（www.booklink.com.cn）
**总 策 划**：陈　庆
**策　 划**：李　伟
**设计制作**：季传亮

---

书　　名：自制美味意大利餐92款
作　　者：［日］西口大辅
译　　者：周小燕
责　　编：张　宇　孙芳英
出　　版：中国民族摄影艺术出版社
地　　址：北京东城区和平里北街14号（100013）
发　　行：010-64211754  84250639  64906396
网　　址：http://www.chinamzsy.com
印　　刷：北京利丰雅高长城印刷有限公司
开　　本：1/16　170mm×240mm
印　　张：11
字　　数：66千字
版　　次：2015年3月第1版第1次印刷
ISBN 978-7-5122-0624-3
定　　价：42.80元